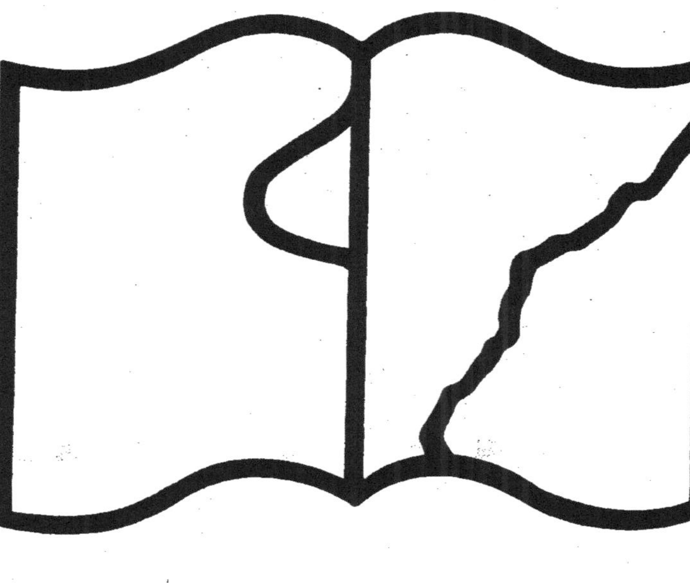

Texte détérioré — reliure défectueuse

NF Z 43-120-11

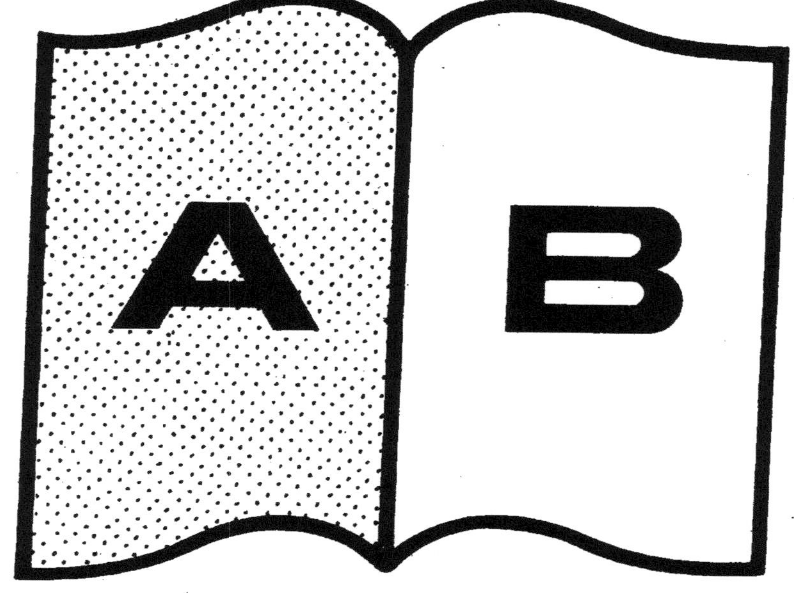
A
B

NOTICE

SUR

L'EMPLOI DE L'AIR COMPRIMÉ

AU

FONÇAGE DES PILES ET CULÉES

DU

PONT DE KEHL SUR LE RHIN

PAR

M. C. MARÉCHAL,

INGÉNIEUR CIVIL,

CHEF DU SERVICE DU MATÉRIEL AUX TRAVAUX DU PONT DU RHIN (1859-60).

PARIS ET LIÉGE

E. NOBLET, ÉDITEUR.

1861

NOTICE

SUR

L'EMPLOI DE L'AIR COMPRIMÉ

AU

FONÇAGE DES PILES ET CULÉES

DU

PONT DE KEHL SUR LE RHIN

PAR

M. C. MARÉCHAL,

INGÉNIEUR CIVIL,

CHEF DU SERVICE DU MATÉRIEL AUX TRAVAUX DU PONT DU RHIN (1859-60).

PARIS ET LIÉGE

E. NOBLET, ÉDITEUR.

1861

LIÉGE. — IMPRIMERIE DE J. DESOER.

NOTICE

SUR LES

TRAVAUX DU PONT DE KEHL SUR LE RHIN

(SERVICE DU MATÉRIEL),

PAR

M. C. MARECHAL,

INGÉNIEUR CIVIL,

Chef du service du matériel aux travaux du Pont du Rhin (1859-60).

La convention relative à la construction d'un pont fixe sur le Rhin à Kehl, destiné à relier le réseau des chemins de l'Est à celui des chemins Badois, ayant été signée en juillet 1857, il y fut décidé que les ingénieurs français seraient chargés du fonçage des piles et culées, et les ingénieurs badois de toute la superstructure du pont; la dépense totale devait être supportée, par parts égales, par le Grand-Duché de Bade et la Compagnie de l'Est. Les plans ayant été approuvés, les travaux commencèrent en août 1858. La commission internationale était composée de MM. Mary, inspecteur-général des ponts et chaussées, Foy, colonel du génie, Guerre, ingénieur en chef du Bas-Rhin, et pour le Grand-Duché de Bade, de MM. Keller, conseiller, Sexauer et Heusch.

On sait qu'il s'agissait d'employer pour la première fois une nouvelle méthode pour le fonçage des piles de ce pont. On devait se servir de l'air comprimé et descendre les fondations à une profondeur de 20 mètres au-dessous du fond du fleuve. L'emploi de puissantes machines soufflantes devenait donc indispensable.

Dans ces circonstances, le service du matériel et de la traction de la Compagnie de l'Est a prêté son concours à ces grands travaux, et je fus chargé, comme inspecteur du matériel, de l'installation et de la direction de ce service spécial.

Les travaux étant aujourd'hui heureusement terminés, au milieu de circonstances souvent difficiles, je crois utile pour les ingénieurs qui voudraient employer cette nouvelle méthode, soit dans le fonçage des piles d'un pont, soit dans la traversée de couches aquifères dans des travaux de mines, de consigner ici tous les faits et toutes les observations relatives au service qui m'a été confié.

CHAPITRE I.

MÉTHODE EMPLOYÉE. — MOTIFS. — DESCRIPTION SOMMAIRE DU SYSTÈME.

Sans vouloir entrer dans tous les détails relatifs à la fondation et au fonçage des piles du pont du Rhin, je crois cependant utile d'expliquer en quelques mots les motifs qui ont déterminé les ingénieurs de la Compagnie de l'Est à employer une méthode aussi nouvelle et qui, nous pouvons le dire aujourd'hui, a suscité dès le début chez quelques ingénieurs des doutes assez sérieux sur ses futurs résultats.

Sorti des glaciers de la Suisse, le Rhin coule dans une vallée dans laquelle son lit se reconnaît facilement par la nature des roches désagrégées qu'il roule avec lui depuis des siècles. La fonte des neiges occasionne très-souvent des crues rapides qui augmentent dans des proportions anormales la vitesse de son courant. Aussi ces variations brusques ont-elles pour effet de produire dans le lit de ce fleuve des affouillements considérables. On en a constaté de 11 mètres, produits dans l'espace de deux années. Il fallait, par conséquent, que les fondations des piles du pont que l'on voulait établir à Kehl fussent poussées au-delà de cette profondeur.

La nature du lit de ce fleuve, composé uniquement d'un gravier assez fin et constamment déplacé par un courant dont la vitesse est souvent de 4 et 5 mètres par seconde, augmentait encore les difficultés du travail.

Ajoutons enfin que des sondages nombreux, exécutés sur divers points et poussés jusqu'à 60 mètres de profondeur, ont donné tous invariablement le même résultat. On a trouvé toujours et partout le même gravier, qui complétement incompressible, eût été par lui-même, sous les affouillements, une excellente base de fondation.

On comprend que devant des obstacles aussi sérieux, provenant et de la vitesse du courant du Rhin, et de son lit si facilement affouillable, on ait dû renoncer aux anciennes méthodes et avoir recours à des moyens énergiques et proportionnés à la grandeur des obstacles.

Un ingénieur français, Trigger, est le premier qui ait employé l'air comprimé pour traverser des couches aquifères dans des travaux de mines exécutés dans le bassin de la Loire. Plus tard, les Anglais ont appliqué cette méthode dans la fondation des piles du pont de Rochester, puis en France au pont de Moulins, sur l'Allier, et, en dernier lieu, au pont de Bordeaux.

Dans ces différentes applications, on comprimait de l'air dans des tubes en fonte dans lesquels quatre hommes pouvaient à peine travailler. L'extraction des déblais nécessitait chaque fois une éclusée. D'après le système de Trigger, il aurait fallu employer au moins 30 tubes pour toutes les piles.

M. Fleur-St-Denis, ingénieur principal de la Compagnie des Chemins de l'Est, est le premier qui ait eu l'heureuse inspiration d'une application nouvelle, dans laquelle l'extraction continue des déblais est complétement indépendante du travail des ouvriers.

M. Vuigner, l'habile ingénieur en chef de la Compagnie de l'Est, approuva cette idée, la fit étudier et en détermina l'application aux fondations du pont de Kehl.

La planche 8 donne une idée exacte de la méthode employée que nous allons décrire en quelques mots.

La première opération qui a été faite a consisté dans le battage de pieux n'ayant pas moins de $0^{m},60$ de diamètre et 8 à 10 mètres de fiche. On a dû établir d'abord un pont de service, d'après le système dit américain, se reliant par deux voies latérales à chaque pile et dont l'axe était à 20 mètres en amont de l'axe du pont définitif. Ce pont en bois portait une double voie et des plaques tournantes en regard de chaque pile. Une double rangée de pieux espacés de 4 mètres a été battue autour de l'espace ménagé pour chacune d'elles.

On a établi un plancher supérieur, au même niveau que celui du pont de service (1), supportant à droite et à gauche une voie de service sur laquelle se mouvaient deux grues (système Arnoult). Un plancher inférieur mobile avait été construit pour le montage des caissons, le service des conduites d'air et l'atelier de la maçonnerie. — Voir pl. 9.

Quatre caissons en tôle devaient servir aux fondations de la première pile. (V. pl. 10.)

Ces caissons rectangulaires en tôle de $0^{m},008$ d'épaisseur, ouverts à la partie inférieure, avaient $5^{m},00$ sur 7, et $3^{m},80$ de hauteur.

Ils étaient munis de trois cheminées; deux cheminées latérales prenant à la partie supérieure et destinées à l'arrivée de l'air et au passage des ouvriers, une cheminée centrale allant jusqu'à la partie inférieure du caisson et s'enfonçant dans le gravier.

Voici maintenant comment le travail s'est effectué.

---

(1) L'entreprise de la construction de ce pont a été confiée à MM. André et Gœrner, entrepreneurs à Strasbourg.

Après un draguage préalable, les quatre caissons juxtaposés ont été descendus sur le gravier.

A l'aide de machines soufflantes, on a envoyé de l'air dans ces caissons. La pression de l'air étant plus considérable que celle de l'eau qui se trouvait dans les caissons, l'air en a d'abord expulsé l'eau, puis il est sorti lui-même par la partie inférieure. Quant à la cheminée centrale, qui venait plonger en contre-bas du fond du caisson, elle est restée naturellement remplie d'eau jusqu'au niveau du fleuve, car elle faisait avec ce dernier l'effet d'un vase communiquant.

Cette cheminée remplie d'eau contenait une chaîne sans fin portant les godets d'une drague mise en mouvement par une machine à vapeur placée à la partie supérieure de la pile et destinée à l'extraction des déblais.

On comprend maintenant facilement la marche du travail. Les ouvriers descendent dans les caissons complétement remplis d'air et d'un air constamment renouvelé, dont l'excès s'échappait sous les bords de ces derniers, fouillaient le gravier, et le rejetaient vers la partie centrale de manière à alimenter la drague. Au fur et à mesure de l'enfoncement des caissons, on élevait sur eux la maçonnerie destinée à la fondation de la pile.

C'est dans cette extraction permanente et indépendante des déblais, c'est dans l'application d'un système qui permettait à 20 ouvriers de travailler simultanément et sans interruption, que réside principalement le mérite de cette nouvelle application de l'air comprimé, que nous devons aujourd'hui à M. l'ingénieur Fleur-St-Denis.

Ces caissons, exécutés dans les ateliers de l'usine de Graffenstaden, si habilement dirigé par M. Mesmer, étaient renforcés à la partie supérieure par des poutres en tôle fortement rivées, qui avaient pour but d'empêcher l'écrasement du plafonds du caisson sous la masse de la maçonnerie qu'il devait supporter. Intérieurement, de puissants contreforts en tôle devaient s'opposer à sa déformation pendant la descente.

Les deux cheminées latérales destinées au passage de l'air et des ouvriers, étaient formées de viroles en tôle ayant 1m,00 de diamètre et $2^m,00$ de hauteur. Elles portaient intérieurement une échelle verticale en fer. Ces viroles étaient fortement assemblées par 23 boulons intérieurs.

Pour faire entrer ou sortir les ouvriers dans les caissons, on comprend facilement qu'il fallait les écluser dans les deux cas; ainsi chaque cheminée d'air portait à sa partie supérieure une chambre d'entrée, dite chambre à air. Cette chambre cylindrique en tôle, ayant $3^m,00$ de hauteur et $2^m,00$ de diamètre intérieur, était munie de deux fortes soupapes cylindriques ayant chacune $0^m,65$ de diamètre. (Voir pl. 10, fig. 4.)

La soupape supérieure S s'ouvrait de dehors en dedans, l'inverse avait lieu pour la soupape inférieure S'.

L'air envoyé par les machines soufflantes, montées sur des bateaux entourant la pile, arrivait par un tuyau en caoutchouc, par la vanne T qui était munie d'un clapet de sûreté retombant dès que l'équilibre entre la partie C, communiquant par la cheminée avec les caissons, était établi.

La soupape S étant ouverte et celle S' fermée, les ouvriers descendaient dans la chambre à air par une échelle, et, au moyen d'une petite grue, fermaient la soupape S. On ouvrait le robinet R communiquant avec la cheminée d'air et les caissons. L'air entrait dans la partie A et, dès que l'équilibre était établi, la soupape S' s'ouvrait par son propre poids. Les hommes descendaient alors dans les caissons, au moyen de l'échelle placée dans la cheminée d'air.

La sortie des ouvriers se faisait en exécutant l'opération inverse. Les hommes remontaient par l'échelle fixe, le clapet S' étant ouvert. Ils entraient dans la chambre A, refermaient le clapet S' à l'aide de la petite grue placée dans la chambre à air, et ouvraient le robinet R'. L'air comprimé s'échappait alors au dehors et, peu à peu, la pression disparaissait. L'équilibre étant établi entre l'atmosphère extérieure et la chambre A, le clapet S s'ouvrait et les hommes sortaient facilement.

La sortie des ouvriers, quoique moins pénible et moins dangereuse en apparence, présentait en réalité plus d'inconvénients que l'entrée. On comprend facilement que les liquides contenus dans le corps, soumis à une pression de 2 ou 3 atmosphères, pendant plusieurs heures, pouvaient occasionner de graves désordres, lorsque cette pression venait à cesser trop rapidement. Malgré toutes les recommandations, les ouvriers s'éclusaient toujours très-vite et trop vite. Nous verrons plus tard combien cette dernière circonstance a eu d'influence sur la santé des ouvriers tubistes, et comment elle a été la cause principale des diverses affections dont ils ont été atteints.

A mesure que les caissons et la maçonnerie élevée sur eux s'enfonçaient dans le sol, on enlevait les quatre chambres à air de droite, et on ajoutait trois viroles à chaque cheminée d'air, les ouvriers s'éclusaient avec les quatre chambres de gauche et le travail marchait sans interruption.

Telle est en peu de mots la manière dont on a opéré : on voit par ce qui précède le rôle que devaient jouer les machines soufflantes : il fallait envoyer dans un espace ouvert, et à une pression augmentant avec la descente des caissons, de l'air à une pression suffisante pour empêcher l'eau d'y rentrer, et en assez grande quantité pour que les éclusées n'eussent presque pas d'influence sur sa pression intérieure.

Enfin une dernière condition restait à remplir, c'était de marcher jour et nuit sans interruption, car, dans le cas contraire, l'eau serait remontée dans les caissons, et les travaux auraient été forcément suspendus.

La durée du fonçage de la première pile a été de 70 jours.

On peut juger à priori des conditions exceptionnelles dans lesquelles les machines ont dû marcher.

CHAPITRE II.

DES MACHINES SOUFFLANTES.

Les machines soufflantes employées pour envoyer l'air dans les caissons étaient au nombre de cinq.

Il n'est pas sans intérêt de se rendre compte du travail utile produit par chacune de ces machines, du prix de leur entretien, des aménagements qu'il a fallu y apporter, de leur consommation, et des résultats acquis par l'expérience.

Machines 1 et 2 (Cail). — Les deux machines nos 1 et 2, construites sur le même type et livrées par la maison Cail, étaient des machines horizontales avec cylindre soufflant à double effet. (Voir pl. 11, fig. 1.) Elles portaient à l'arrière une caisse en fonte remplie d'eau et renfermant 4 clapets en caoutchouc, ayant 0,80 de longueur sur 0,30 de largeur. Les dimensions de ces clapets ont permis à l'air comprimé de passer dans la caisse à air sans une trop forte contraction.

Cette dernière condition a eu certainement une très-grande influence sur la température de l'air envoyé par les machines. Car, dans les autres systèmes dont nous parlerons plus tard, outre la chaleur latente de l'air développée par la compression, l'air, forcé de passer avec une assez grande vitesse par des soupapes dont la section était très-faible comparativement à celle du piston à air, a dû encore s'échauffer beaucoup par cette contraction.

La caisse inférieure dans laquelle se trouvait placé le cylindre à air étant toujours remplie d'eau, cette circonstance a aussi eu pour effet de rafraîchir l'air et en même temps d'assurer l'adhérence des clapets en caoutchouc.

Ces deux machines recevaient la vapeur de chaudières tubulaires.

Volume d'air envoyé par les machines nos 1 et 2. — On peut calculer facilement le volume d'air envoyé par chaque machine.

Soit D le diamètre intérieur du cylindre = 0.40, C la course du piston = 0.60, nous aurons

$$V = 0.75 \frac{\pi D^2 C}{4}$$

Remplaçant les valeurs, on a

$$V = 0.75 \frac{3.14 \times 0.40^2 \times 0.60}{4} = 0^{mc}.056$$

par coup de piston.

Le volant faisant 40 tours par minute en moyenne, nous

aurons, dans le même temps, 80 coups de piston, soit $4^{ms}.480$ d'air envoyés par machine dans les caissons.

La capacité des 4 caissons étant de 592^{ms}, y compris les cheminées d'air, au bout de $1^{h}15'$ de marche avec les deux machines 1 et 2, les caissons étaient vides, et l'air sortait à la partie inférieure.

Le 22 mars 1859, pour la première fois, MM. Joyant, chef de station, Gœrner, entrepreneur, Masset, employé, et moi, nous sommes descendus dans les caissons. Tout ce que la théorie avait indiqué était assuré par l'expérience, les clapets de sûreté se levaient à chaque coup de piston des machines, le gravier dans le fonds des caissons était presqu'à sec, l'air sortait facilement. Dès ce jour nous avions l'intime conviction d'un succès prochain et certain. Le lendemain nous descendions avec les équipes et le fonçage de la première pile commençait.

Remplacement des caisses à air. Machines 1 et 2. — J'ai dû apporter plusieurs modifications à ces machines. Il a fallu d'abord remplacer les caisses à air, car ces appareils, destinés dans le principe à faire le vide, avaient des réservoirs d'air en fonte d'une trop faible épaisseur et de mauvaise qualité d'ailleurs. J'avais jugé prudent, avant de mettre les machines en marche, d'essayer les caisses; à une pression de 3 atmosphères, la première a éclaté, en projetant à plus de 50 mètres des morceaux de fonte. Sans cet essai, cet accident aurait eu lieu indubitablement pendant le fonçage, et les conséquences auraient pu en être excessivement graves. De fortes nervures ont été ménagées dans les nouvelles caisses, essayées à la presse jusqu'à 7 atmosphères. (Voir pl. 12, fig. 1.)

Soupapes de sûreté. — J'ai été amené à placer sur les nouvelles caisses des soupapes de sûreté. Dans cette nouvelle et exceptionnelle application de l'air comme force utile, il était indispensable de prévoir le cas où un excès de pression aurait pu se présenter. Les soupapes étaient réglées de manière à se lever à 3,5 atmosphères. (Voir pl. 12, fig. 2.)

Échappement. Tirage. — Ces deux machines étaient à échappement libre; afin d'utiliser la vapeur perdue et d'augmenter par son emploi le tirage de la cheminée, j'ai placé à la naissance du tuyau d'échappement une pièce en bronze présentant un tuyau avec une bifurcation. Chaque embranchement était muni d'une vanne mobile qui s'ouvrait ou se fermait plus ou moins à l'aide d'un levier articulé à la portée du mécanicien. Ce dernier pouvait alors à volonté faire passer la vapeur qui sortait du cylindre, soit dans l'échappement droit, ou bien dans le tuyau qui la conduisait dans la boîte à fumée de la locomobile et en augmentait le tirage.

Cette disposition est assez commode en ce sens qu'elle permet d'augmenter ou de diminuer à volonté la quantité de vapeur que le mécanicien veut envoyer dans la cheminée.

Tuyaux d'alimentation. — J'ai reconnu la nécessité de remplacer en général, par des tuyaux en cuivre, tous les tuyaux de plomb destinés aux pompes alimentaires des chaudières à vapeur. Les tuyaux en plomb, sortant des bateaux pour aller plonger dans le Rhin, étaient constamment exposés à recevoir des chocs, à s'aplatir contre les parois des bateaux. Il importait, on le comprend, d'éviter les moindres arrêts et d'assurer l'alimentation des chaudières.

De plus, avec les crues si rapides et si imprévues du Rhin, les eaux charrient un limon presque impalpable qui, dans 24 heures, remplit d'une boue épaisse les chaudières, et en même temps obstrue complétement les pompes alimentaires.

Je n'ai pu obvier à ces graves inconvénients que par des lavages incomplets et faits avec l'aide de la pression de la vapeur.

Bâches pour les chaudières. — Je me suis décidé à placer des bâches en tôle sous les machines, de manière à n'introduire dans les chaudières qu'une eau décantée et aussi pure que possible.

J'avais eu soin, en attendant, d'entourer les tuyaux d'alimentation qui plongeaient dans le Rhin, d'un tuyau en bois terminé à la partie inférieure par une toile métallique pouvant retenir le limon qui faisait presque partie intégrante des eaux du fleuve, au moment des crues.

Quant au mécanisme de ces deux machines, il était d'un entretien facile. J'ai pu facilement utiliser l'une d'elles pour faire marcher un tour qui prenait son mouvement sur le volant. (Voir pl. 13, fig. 1).

Régule. — Les pistons des machines 1 et 2 avaient des segments en bronze et se mouvaient horizontalement dans des cylindres en fonte garnis intérieurement d'une enveloppe en bronze. Le frottement avait donc lieu entre deux matières de même nature. Après le fonçage de la première pile, qui avait duré 70 jours, les pistons étaient complétement ovalisés. J'ai coulé alors circulairement une couche de régule ou métal dit antifriction ; remis sur le tour, ils n'ont jamais perdu depuis. J'ai obtenu de très-bons résultats de cette matière, employée aujourd'hui généralement pour le doublage de tous les coussinets de wagons et de locomotives.

Machines 3 et 4. (*Flaud.*) — Les deux autres machines 3 et 4 sortaient des ateliers de M. Flaud, constructeur à Paris. Ces machines consistaient en une locomobile transmettant le mouvement par courroie à un système de pompes composé de deux cylindres verticaux de $0^{m},450$ de diamètre, dans lesquels se mouvaient deux pistons à air ; au centre se trouvait un réservoir d'air communiquant aux tuyaux de conduite d'air et muni d'une vanne.

La transmission se composait d'un pignon et d'une roue d'engrenage montés sur un arbre horizontal, coudé, et recevant le mouvement de la locomobile par une courroie venant passer sur une poulie montée à son extrémité.

Le rapport entre le diamètre du cylindre à vapeur et celui du cylindre à air ne pouvait pas donner de bons résultats au-delà de 2 atmosphères. Le premier avait $0^{m},20$ et le second 0,450 ; ce dernier, à la pression de 3 atmosphères, avait donc à vaincre, outre le frottement, une pression de 4440^{k}. Dans ces mauvaises conditions, l'emploi de ces machines a été limité et est devenu difficile lorsqu'il a fallu maintenir dans les caissons une pression de plus de deux atmosphères et demi.

Pour remédier à ces inconvénients, j'ai dû augmenter l'épaisseur des courroies, placer sur le bâti, qui supportait les paliers et la transmission, une plaque en fonte les reliant ensemble, et en même temps placer de solides contreforts en chêne, fortement boulonnés, pour supporter la poussée que recevait la bielle à chaque coup du piston à air. Au delà de deux atmosphères, les engrenages se sont cassés, les bielles ont dû être consolidées par des frettes posées à chaud. Les boulons qui retenaient les paliers et qui, en les traversant, les affaiblissaient, ont causé leur rupture; il a fallu refaire complétement toute la transmission des pompes de ces deux machines, et en consolider les bâtis par des jambes de force.

De plus, le rapport entre la surface du clapet de sortie d'air et celle du piston était de 11.08. L'air était forcé de se contracter rapidement; aussi en sortant des cylindres soufflants, sa température était de 40°. Le cuir qui garnissait les pistons se durcissait, se brûlait, et les pistons perdaient rapidement. J'ai dû les changer et adopter de nouveaux pistons (voir pl. 12, fig. 4) dans lesquels on pouvait facilement serrer la garniture extérieure contre le cylindre, sans sortir le piston de ce dernier et sans suspendre, pour ainsi dire, la marche de la machine.

Locomobiles des machines 3 et 4. — Quant aux locomobiles, forcé de les faire marcher à une pression de 6 atmosphères, les foyers ont présenté très-rapidement des fuites, et les tubes en fer, non garnis de viroles, ont perdu immédiatement. J'ai dû les remplacer tous par des tubes en cuivre munis de viroles posées avec soin.

Bâches pour foyer. — Des bâches en tôle, placées sous les foyers et constamment remplies d'eau, ont eu pour but d'empêcher les barreaux de grille de se brûler. Cet accident n'est d'ailleurs arrivé à aucune machine, avec cette précaution facile à prendre et indispensable quand on emploie des houilles de Prusse faisant beaucoup de mâchefer.

Machine n° 5 (Cavé). — Cette machine provenait des anciens ateliers Cavé. Elle se composait de deux cylindres à vapeur oscillants et d'un cylindre soufflant horizontal. Elle aurait pu rendre de très-bons services, sans plusieurs circonstances qui se sont produites et qui m'ont forcé très-souvent de suspendre sa marche.

Le cylindre soufflant était muni d'un clapet en cuir. Le rapport entre la surface du piston et celle de la soupape était de 1 à 7;

au bout de peu de temps, l'air s'échauffait tellement que le cuir, qui fermait la soupape, était complétement brûlé.

Pour obvier à cet inconvénient, j'ai placé un 2e tuyau de conduite, de manière à faire produire au cylindre soufflant un double effet. Le résultat obtenu a été très-faible, l'échauffement de l'air était toujours considérable. Enfin, j'ai entouré le cylindre soufflant d'une bâche en tôle dans laquelle une pompe envoyait constamment de l'eau froide,pendant que l'eau chaude sortait à la partie supérieure. J'ai remplacé les clapets en cuir par des clapets en caoutchouc. Ils n'ont pas très-bien fonctionné, car la rondelle de caoutchouc, étant maintenue sur toute sa circonférence, restait soumise aux variations de température, se dilatait ou se rétrécissait, et ne venait jamais boucher exactement les ouvertures du cylindre; de là, des fuites et un rendement incomplet. J'ai été également obligé de changer tous les tubes de cette chaudière et de les faire garnir de viroles.

Cette machine de la force de 25 chevaux était montée sur un bâti horizontal en forts madriers et occupait avec sa chaudière un seul bateau. (Voir pl. 14.)

Nous donnons dans le tableau suivant les dimensions principales de ces 5 machines.

Tableau des dimensions principales des machines soufflantes

NUMÉROS DES MACHINES.	NOMS DES CONSTRUCTEURS.	FORCE EN CHEVAUX.	SURFACE DE CHAUFFE DU FOYER.	SURFACE DE CHAUFFE DES TUBES.	SURFACE DE CHAUFFE TOTALE	NOMBRE DE TUBES.	LONGUEUR DES TUBES.	DIAMÈTRE DES TUBES.	SURFACE DE GRILLE.	DIAMÈTRE DE LA CHAUDIÈRE.	DIAMÈTRE DU PISTON A VAPEUR.	COURSE DU PISTON A VAPEUR.	DIAMÈTRE DU PISTON A AIR.	COURSE DU PISTON A AIR.	RAPPORT ENTRE LA SURFACE DES CLAPETS ET LE PISTON	DIAMÈTRE DU VOLANT.	NOMBRE DE TOURS.	OBSERVATIONS.
			m²						m²									
1	Cail.	16	2,82	17,92	20,74	54	3,20	0,060	0,63	0,80	0,32	0,60	0,40	0,60	1,66	2,120	40	
2	Cail.	16	2.82	19.92	20,74	54	3,20	0,060	0,63	0,80	0,32	0,60	0,40	0,60	1,66	2,120	40	
3	Flaud	10	2,13	10,80	12,93	24	1,95	0,075	0,55	0,750	0,20	0,26	0,45	0,60	11,08	1,500	180	
4	Fland.	10	2,31	9,20	11,51	20	2,05	0,075	0,48	0,75	0,25	0,25	0,45	0,60	11,08	1,500	120	
5	Cavé.	25	4,36	21,62	25,98	47	2,45	0,065	0,81	0,90	0,25	1,00	0,665	0,98	»	2,80	30	

Consommation des machines. — Nous donnons ci-dessous le tableau comparatif de la consommation en houille, huile, suif et déchet de chacune de ces machines pendant le fonçage des 4 piles et enfin la consommation en houille par heure et par force de cheval.

Tableau de la consommation des machines soufflantes.

Nos DES MACHINES.	CONSTRUCTEURS.	FORCE EN CHEVAUX.	CONSOMMATION TOTALE POUR LES 4 PILES EN				MOYENNE DE LA CONSOMMATION EN HOUILLE PAR HEURE ET PAR FORCE DE CHEVAL.	NOMBRE TOTAL DE JOURS DE MARCHE.
			HOUILLE.	HUILE.	SUIF.	DÉCHET.		
			k	k	k	k	k	jours
N° 1	Cail.	16	251450	397	89	129	3,00	165
N° 2	Cail.	16	218050	430	133	148	3,05	162
N° 3	Flaud.	10	90000	278	59	239	2,90	98
N° 4	Flaud.	10	66900	200	56	147	2,90	66
N° 5	Cavé.	25	303750	165	166,50	147	5,15	125

Il est essentiel de faire remarquer que la consommation par heure et par force de cheval des machines 3 et 4, qui est de 2k90, aurait été bien supérieure si ces machines avaient fonctionné dans les mêmes conditions que les autres. Mais elles n'ont marché que pendant le commencement du fonçage de chaque pile, alors que la pression d'air à maintenir dans les caissons était relativement très-faible ; vers 2 atmosphères, il a fallu toujours en suspendre la marche. Les nos 1 et 2 (Cail) au contraire ont principalement marché lorsque la pression dans les caissons était la plus élevée. La machine 5 a marché d'une manière irrégulière.

D'après le tableau ci-dessous on peut se rendre compte facilement du travail de chaque machine.

Tableau comparatif du service des cinq machines soufflantes

NUMÉROS DES MACHINES.	NOMS DES CONSTRUCTEURS.	NOMBRE DE JOURS DE SERVICE. PILE N° 1	PILE N° 2	PILE N° 3	PILE N° 4	NOMBRE DE JOURS DE SERVICE PAR MACHINE POUR LES 4 PILES.	OBSERVATIONS.
N° 1	Cail.*	73	49	29	14	165	Les nombres qui indiquent les jours de travail pour chaque pile comprennent aussi ceux employés à la mise en marche préparatoire et au coulage du béton.
N° 2	Cail.	71	48	29	14	162	
N° 3	Flaud	41	14	27	16	98	
N° 4	Flaud	23	25	4	15	67	
N° 5	Cavé.	58	23	23	22	126	
Totaux.		266	159	112	81		

Nous voyons facilement, par le tableau ci-dessus, combien a été limité l'emploi des machines n°s 3, 4 et 5. Elles ont nécessité de plus des réparations presque continuelles et souvent très-difficiles à exécuter pendant une marche de 60 à 70 jours, car une fois le travail d'une pile commencé, il était urgent de maintenir constamment la pression pour empêcher l'eau d'y rentrer. De plus, ces trois machines avaient l'inconvénient très-grave d'envoyer de l'air à une température assez élevée.

Le tableau suivant donne la dépense comparative de l'entretien et de la conduite des machines pour la fondation des quatre piles.

PILE N° 1.		PILE N° 2.		PILE N° 3.		PILE N° 4.	
MAIN D'OEUVRE.	MATIÈRES.	MAIN D'OEUVRE.	MATIÈRES.	MAIN D'OEUVRE.	MATIÈRES.	MAIN D'OEUVRE.	MATIÈRES.
f. c. 13022,91	f. c. 7395,71	f. c. 8919,80	f. c. 4068,95	f. c. 8718,63	f. c. 3307,02	f c. 8574,82	f. c 3618,64
f. c. 20418,62		f c. 12988,75		f. c. 12025,65		f. c. 12193,46	

Nous remarquons que les trois dernières piles ont coûté, pour ce service, à peu près le même prix, la différence n'est sensible qu'entre la première et la seconde pile.

Nous ferons remarquer également que presque toute la dépense de réparation s'applique presque exclusivement aux machines 3, 4 et 5, tandis que les deux premières n'ont presque rien coûté.

Conclusion. — De tout ce que nous venons de dire au sujet de l'emploi de ces 5 machines résulte la conclusion suivante : C'est qu'il est essentiel d'avoir des machines, non seulement puissantes et travaillant dans des conditions régulières, mais encore dans un parfait état. Il faut s'assurer par une marche préparatoire que toutes les pièces fonctionnent bien ; que l'alimentation des chaudières ait lieu au moyen de bâches, de manière à être indépendantes des crues du fleuve ; choisir des machines soufflantes dans lesquelles la différence entre la surface des orifices de sortie de l'air et celle du piston soit la plus petite possible, de manière à éviter l'élévation de température de l'air envoyé. Enfin, il est urgent d'avoir toujours une machine en réserve et en feu, prête à marcher au premier signal, car pendant certaines périodes du fonçage on pourrait causer des retards considérables et des accidents très-graves, en laissant remonter l'eau dans les caissons, surtout pendant le coulage du béton, opération très-délicate dont nous parlerons plus tard.

Avec trois machines construites sur le type des machines 1 et 2, tous les besoins du service auraient été largement assurés.

CHAPITRE III.

DES CONDUITES D'AIR.

Nous avons vu que l'air envoyé par les machines soufflantes devait arriver dans les chambres à air, de là descendre dans les caissons par les cheminées, et l'excès sortir à la partie inférieure, de manière à ce que les caissons fussent toujours complétement remplis d'un air à une pression suffisante pour empêcher l'eau d'y rentrer, tout en permettant aux ouvriers d'y travailler facilement.

Il fallait, en outre, que les tuyaux amenant l'air comprimé envoyé par les machines soufflantes placées sur les bateaux entourant la pile, pussent se prêter aux différentes variations du niveau de l'eau dans le Rhin, et de plus que ceux qui venaient amener l'air dans les chambres pussent également suivre la marche descendante de la pile, à mesure que le fonçage augmentait. (V. pl. 15, fig. 1.)

L'emploi de tuyaux en caoutchouc était indiqué par les conditions qui précèdent. Ces tuyaux, sortis des ateliers de MM. Guibal et Ce, à Paris, avaient été l'objet d'une fabrication spéciale ; ils étaient composés d'enveloppes concentriques en toile entre lesquelles se trouvait du caoutchouc. D'un diamètre de 160^{mm} et d'une épaisseur de 10^{mm}, ils ont parfaitement résisté, aux épreuves, à des pressions de 8 et 9 atmosphères.

Primitivement on avait essayé des tuyaux complétement en caoutchouc, formés d'une bande de cette matière repliée sur elle-même avec une soudure longitudinale; à l'épreuve et à 3 atmosphères de pression, les tuyaux se sont fendus sur la soudure.

Les tuyaux de MM. Guibal et Cie étaient de plus munis extérieurement d'une forte chemise en toile dont le but était de les préserver des accidents qui auraient pu arriver par suite des frottements.

Une conduite d'air en cuivre, d'un diamètre de $0^m,25$, était fixée sous le plancher de la pile par de forts étriers boulonnés. Cette conduite était munie de vannes en bronze. (V. pl. 15, fig. 2.) C'est sur cette conduite maîtresse que venaient se souder, d'un côté les tuyaux en caoutchouc amenant l'air des machines soufflantes, et de l'autre les tuyaux en caoutchouc conduisant l'air dans les caissons, et venant s'ajuster, à la partie inférieure de la chambre à air, sur une pièce en bronze qui y était fixée. Cette pièce portait intérieurement. (V. pl. 10, fig. 2.)

Clapets de sûreté. — Un clapet mobile, dit clapet de sûreté, formé d'une bande de caoutchouc, recouvert de plomb afin de le faire retomber facilement. Ce clapet se levait pour ainsi dire à chaque coup de piston des machines, chaque fois que la pression de l'air était plus considérable dans la conduite que dans les caissons, et se refermait ensuite par son propre poids.

On comprend facilement l'importance d'une semblable disposition et combien elle était indispensable. Car, dans le cas de la rupture d'un tuyau ou d'un joint, la pression tombant brusquement dans les caissons, l'eau serait remontée avec une vitesse due à une pression de 2 et 3 atmosphères, et on peut en deviner les conséquences désastreuses. Il a fallu nécessairement s'assurer de la marche régulière de ces clapets.

Raccord d'un tuyau de cuivre avec un tuyau en caoutchouc. — L'air comprimé, en sortant des machines soufflantes, passait dans des tuyaux en caoutchouc, puis ensuite dans des tuyaux de cuivre. Pour raccorder les deux tuyaux ensemble on entrait le tuyau en cuivre dans celui en caoutchouc à frottement aussi dur que possible, on entourait ensuite le caoutchouc sur une longueur de 200^{mm} avec du fil de laiton bien recuit, et on plaçait deux brides boulonnées par dessus.

Peu à peu le cuivre cédait sous la pression des brides, se déformait, et la pression venant à augmenter, le joint ne tenait plus.

J'ai alors introduit intérieurement un manchon cylindrique en tôle, de 400mm de longueur et de 3mm d'épaisseur, entrant moitié dans le tuyau de cuivre et moitié dans le tuyau de caoutchouc. Cette disposition, qui avait pour but d'empêcher la déformation du tuyau en cuivre, n'a pas encore été suffisante, car si elle remplissait le premier but, elle ne s'opposait pas au glissement du tuyau de caoutchouc, quand, à l'intérieur, il y avait une pression de 3 atmosphères.

J'ai été amené à souder sur le tuyau de cuivre un fil de fer de 5mm de diamètre contourné en pas de vis ; sur ce dernier on venait emmancher, par torsion, le tuyau de caoutchouc, puis on entourait ce dernier avec le fil de laiton bien recuit, fortement serré; on plaçait les brides, et enfin ces dernières étaient en outre maintenues parallèlement au tuyau de cuivre par deux petits tirants en fer, munis chacun d'un écrou, qui venaient traverser deux oreilles fortement soudées sur le tuyau de cuivre. (Voir planche 12, fig. 3).

J'ai obtenu de cette disposition les meilleurs résultats, et, par son emploi, j'ai évité toute espèce de rupture de joints.

Manomètres. — On comprend facilement qu'il était très-important, surtout pour les mécaniciens conduisant les machines soufflantes, de connaître exactement la pression de l'air dans les caissons, et d'avoir des indications exactes sur différents points de la pile.

J'ai placé à côté de chaque machine un manomètre à air libre de Desbordes; un tuyau de 0m,010 de diamètre en caoutchouc et construit d'après les mêmes principes que les grands tuyaux, c'est-à-dire formé d'enveloppes concentriques en toile, amenait l'air comprimé au manomètre. La prise d'air avait lieu sur la maîtresse conduite, aussi loin que possible des machines, de manière à éviter les oscillations provenant des coups de piston.

Deux manomètres semblables étaient montés sur la pile, le premier à côté des caissons, et le second dans le bureau du piqueur de service.

De plus et dans le cas d'un accident arrivé à un des manomètres à air libre, j'avais fixé sur chaque réservoir d'air un manomètre à cadran ou métallique, destiné à contrôler le premier.

Sur 6 manomètres métalliques, gradués ensemble, construits spécialement par le même constructeur, pas un n'a marqué la même pression; ce n'est qu'à partir d'une atmosphère qu'ils ont marché.

L'emploi des manomètres à air libre est donc le seul rationnel, et pouvant donner des indications sensibles dans des travaux de ce genre.

Chaque manomètre avait deux robinets, l'un à la prise d'air et l'autre sur la machine; dans le cas où un tuyau aurait été coupé, on pouvait immédiatement empêcher l'écoulement de l'air.

Quant aux manomètres à air comprimé, dont j'avais essayé l'emploi à cause de leurs faibles dimensions, ils sont inapplicables pour d'aussi petites différences de pression.

Pour relier entre eux les tuyaux en caoutchouc des manomètres, je me suis servi d'un petit manchon en cuivre placé intérieurement et d'un joint en fil de laiton recuit et fortement serré.

Ressorts pour tuyaux en caoutchouc. — Les tuyaux en caoutchouc, soit en amenant l'air comprimé des machines soufflantes, soit en le conduisant de la maîtresse conduite aux chambres à air, devaient, dans le premier cas, être soumis à toutes les variations du niveau de l'eau dans le Rhin, suivre les brusques et rapides oscillations des bateaux, et enfin, dans le second, descendre avec les chambres à air au fur et à mesure du fonçage de la pile; leur développement était donc assez considérable. Pour empêcher, dans ces variations, les tuyaux de caoutchouc de se replier brusquement sur eux-mêmes et, en s'aplatissant, de se couper, tous les tuyaux renfermaient intérieurement une spire en fil de fer de 4^{mm} d'épaisseur, se prêtant à toutes les positions qu'il fallait leur faire prendre, mais empêchant que dans leurs contours il ne se produise un angle trop vif, ce qui aurait pu amener l'obstruction de la conduite et peut-être sa rupture.

Température de l'air envoyé dans les caissons. — On comprend facilement que l'air envoyé dans les caissons par des machines soufflantes marchant à 30 et 40 tours par minute devait s'échauffer beaucoup par suite de sa contraction et de sa vitesse d'admission. C'est en effet ce qui a eu lieu : l'air, au sortir du réservoir des machines, avait 30 et 40°, il importait donc de ne pas faire supporter aux ouvriers cette température, car l'air des caissons étant saturé de vapeur d'eau, les ouvriers se seraient trouvés dans des conditions hygiéniques déplorables.

Les clapets en caoutchouc des machines 1 et 2 marchaient dans l'eau : après 72 jours de marche, durée du fonçage de la première pile, l'eau qui entourait ces clapets était constamment à une température de 30 à 40° ; cette circonstance a eu pour effet de causer très-rapidement la désorganisation du caoutchouc ; aussi, après le fonçage de la première pile, les clapets, étaient-ils complétement hors de service, le caoutchouc était devenu spongieux, et n'avait conservé aucune résistance ni aucune élasticité.

Pour obvier à ces graves inconvénients, j'ai adopté les dispositions suivantes (voir pl. 11, fig. 1) :

J'ai fixé une pompe Japy à la caisse à air de la machine et je me suis servi de l'extrémité de la tige du tiroir à vapeur pour transmettre le mouvement à cette dernière. Cette simple disposition a eu pour effet d'envoyer constamment un jet d'eau froide dans la caisse à air ; en même temps je plaçais deux robinets purgeurs qui, tenus toujours un peu ouverts, laissaient sortir l'eau chaude. Un tube recourbé en verre et monté sur le tuyau d'aspiration indiquait au mécanicien le niveau de l'eau qu'il devait toujours maintenir dans la caisse à air pour marcher dans de bonnes conditions.

L'air extérieur, destiné à être envoyé dans les caissons par les machines, était pris au moyen de tuyaux aspirateurs en zinc venant déboucher au-dessus du toit recouvrant les machines. Cet air était par conséquent aussi frais et aussi pur que possible.

Cette injection permanente d'eau froide a eu aussi pour résultat, non seulement d'abaisser notablement la température de l'air, mais encore de conserver presque intact, après plus de 80 jours de marche, les clapets en caoutchouc. C'est à peine si, après le travail effectué, j'ai pu reconnaître un millimètre de pénétration des clapets dans le caoutchouc.

Cette disposition a eu en outre l'avantage de me permettre, à un moment donné, d'envoyer de l'air chaud dans les caissons. En effet, dans la nuit du 16 au 17 décembre 1859, la température extérieure s'est abaissée très-brusquement et le thermomètre est descendu à 14° au-dessous de 0. L'eau, entraînée par l'air, se déposait dans les conduites et s'y congelait; les vannes ne fonctionnaient plus et les clapets de sûreté restaient immobiles. Dans ces circonstances, j'ai cherché alors, au lieu d'envoyer de l'air froid, à élever, au contraire, la température de l'air envoyé dans les caissons. J'ai laissé s'échauffer l'eau contenue dans les caisses par la chaleur latente de l'air comprimé, et alors, pendant que le thermomètre marquait au-dehors — 14°, celui qui était dans les caissons marquait + 7° et + 8°. J'arrivais ainsi à une différence de 20°, et il a été très-utile de la maintenir pendant toute la durée du froid.

Enfin, pour compléter cet ensemble de précautions, j'avais placé à l'entrée de l'air, dans la partie inférieure des chambres, de petits réchauds cylindriques contenant du charbon de bois, afin d'empêcher les clapets de sûreté de se congeler et d'assurer leur jeu. On comprend combien cela était indispensable.

Purgeurs. — L'air comprimé, en sortant des cylindres des machines soufflantes, traversait, dans la caisse à air, une couche d'eau et avec une grande vitesse; cet air entraînait inévitablement avec lui une certaine quantité d'eau à l'état de globules. Au bout de peu de temps la grande conduite se trouvait remplie d'eau en assez grande quantité pour empêcher le jeu des vannes, puis l'eau arrivait jusque dans les cheminées d'air et y tombait en une pluie fine qui souvent éteignait les bougies des ouvriers qui montaient ou descendaient. Bien que la présence de l'eau dans les tuyaux dût avoir pour conséquence l'abaissement de la température de l'air, et que cette dernière circonstance ait dû être prise en sérieuse considération, les inconvénients dont nous venons de parler précédemment étaient trop graves pour ne pas essayer d'y remédier. J'y parvins en plaçant sur la grande conduite trois robinets purgeurs constamment ouverts, et en ajustant à l'entrée des chambres à air un cylindre en cuivre rouge de 0m,90 de long sur 0m,50 de diamètre. Sur l'ouverture C venait se boulonner le tuyau en caoutchouc amenant l'air des machines. L'eau entraînée se déposait à la partie inférieure du cylindre qui était horizontal, et sortait au-dehors par un robinet purgeur placé en P. (Voir planche 16, figure 1.)

CHAPITRE IV.

SERVICE DES CHAMBRES A AIR.

Viroles. — Nous avons vu précédemment que les ouvriers, pour entrer ou sortir des caissons, s'éclusaient au moyen de chambres, dites chambres à air. Ces chambres cylindriques en tôle de 12mm d'épaisseur étaient placées sur les cheminées d'air ; ces dernières étaient formées par des viroles de 2m,00 de hauteur, de 1m de diamètre en tôle, de 10mm d'épaisseur, et se réunissaient les unes aux autres par 23 boulons intérieurs de 25mm. Chaque chambre pesait 6,000 kil.

A mesure que les caissons s'enfonçaient dans le gravier et que la pile descendait, il fallait ajouter des viroles sur les 4 cheminées d'air les plus basses, enlever successivement les 4 autres chambres, ajouter trois viroles sur chaque cheminée d'air, et continuer ainsi jusqu'au complet fonçage de la pile.

Pour faire cette opération, deux fortes grues (système Arnould) étaient montées sur le plancher supérieur de la pile. On commençait par bien fermer le clapet inférieur de la cheminée correspondante, de manière à l'isoler complétement du caisson, un ouvrier ôtait les boulons intérieurs et on enlevait la chambre avec les grues, on plaçait les trois viroles sur chaque cheminée d'air et on replaçait ensuite les chambres. Pendant que l'on opérait sur les quatre chambres de droite, le service se faisait sur les quatre chambres de gauche.

Cette opération, quoique très-simple, présentait cependant certains dangers. Qu'on suppose en effet qu'un maillon de la chaîne du treuil de la grue vînt à se rompre pendant l'opération, et qu'une masse de 6,000 kil. vînt à tomber de la hauteur de 1m,00 environ sur la cheminée d'air d'abord, et par suite sur le caisson; il est fort probable que le plafond de ce dernier aurait été enfoncé. Aussi pendant l'ascension de la chambre par les grues, je faisais placer successivement des madriers au-dessous, de manière à diminuer la hauteur de chute. Le 10 décembre 1859, par un froid de 8°, en enlevant une chambre à air, un maillon de la chaîne de la grue s'est rompu, et la chambre est tombée verticalement sur les madriers. Il faut avoir la précaution, avant d'employer les grues, d'en faire chauffer les chaînes.

Ce travail exigeait donc une grande habileté de la part des ouvriers qui en étaient chargés et une grande surveillance. Le premier changement des chambres à air a exigé deux jours; en dernier lieu, il était exécuté en six heures, sans interrompre le travail des caissons. Le personnel spécial que j'avais chargé de ce service avait acquis une expérience complète.

Le tableau suivant donne la dépense comparative du montage et du démontage des viroles et du changement des chambres pour chaque pile.

PILE N° 1.		PILE N° 2.		PILE N° 3.		PILE N° 4.	
MAIN D'OEUVRE.	MATIÈRES.	MAIN D'OEUVRE.	MATIÈRES.	MAIN D'OEUVRE.	MATIÈRES.	MAIN D'OEUVRE.	MATIÈRES.
f. c. 1076, »	f. c. 837,65	f. c. 518, »	f. c. 530,42	f. c. 361,50	f. c. 587,23	f. c. 300,25	f. c. 352,56
f. c. 1913,65		f. c. 1048,42		f. c. 948,73		f. c. 652,81	

Ainsi, pour la première pile, le changement des chambres à air par des viroles a coûté 1913 fr. 65, main d'œuvre et matières, et pour la dernière pile 652,81, environ le tiers. On peut facilement apprécier par ces chiffres la rapidité et l'économie apportées dans ce service.

Mastic Serbat. — Les joints des viroles étaient faits avec deux tresses de chanvre trempées dans du suif fondu, et du mastic au minium. Ils ont très-bien résisté à la pression. J'ai plus tard remplacé le mastic au minium par le mastic Serbat, beaucoup moins cher et préparé à l'avance. Il a donné de très-bons résultats, le joint des chambres à air et des viroles était fait avec une bande circulaire de caoutchouc dans laquelle étaient ménagés des trous pour le passage des boulons.

Vitesse de fonçage des quatre piles. — La première pile, ou pile culée française, a commencé sa descente le 23 mars 1859, elle est arrivée à son maximum de profondeur le 28 mai, après plusieurs interruptions de travail.

La deuxième pile, ou pile culée badoise, a entrepris sa descente le 28 juillet 1859 et a terminé son fonçage le 13 septembre suivant; la troisième pile, ou pile en rivière française, a commencé son fonçage le 17 octobre 1859 et l'a terminé le 16 novembre.

Enfin la quatrième pile a été descendue au fonds du fleuve le 26 novembre 1859 et a achevé sa descente de 20 mètres le 26 décembre.

On voit que le travail de fonçage des piles a marché très-rapidement; nous donnons ci-dessous le tableau comparatif du temps employé pour chacune d'elles.

N^os^ DES PILES	NOMBRE DE JOURS EMPLOYÉS.	NOMBRE DE JOURS D'ARRÊT.	NOMBRE DE JOURS DE TRAVAIL	MOYENNE DE DESCENTE PAR 24 HEUR^es^	OBSERVATIONS.
	jours.	jours.	jours.	m.	
N° 1	70	15	55	0,534	Les piles n°s 1 et 2 avaient 4 caissons.
N° 2	56	5	51	0,64	
N° 3	31	6	25	0,80	Les piles n°s 3 et 4 en avaient trois.
N° 4	25	5	18	1,11	
Totaux	160	31	129	0,721 pour les 4 piles	

Ainsi pour la première pile, la moyenne de descente par 24 heures a été de 0,334 et pour la dernière de 1m,11. Ces chiffres font voir la progression toujours croissante de la vitesse du fonçage; ce résultat dépend en grande partie de plusieurs perfectionnements apportés dans le fonçage des dernières piles, et tient aussi beaucoup à l'expérience acquise par le personnel.

Caissons.—Primitivement, on avait eu l'idée de ne faire qu'un seul caisson, puis dans la crainte de la déformation d'une caisse de 20m de long sur 7m de large, lors du fonçage on en a formé quatre compartiments ou caissons juxtaposés, mais complétement indépendants et devant descendre simultanément autant que possible. Sur chacun de ces caissons on a monté une charpente en bois, formant avec des madriers un véritable cuvelage dans l'intérieur duquel on a commencé à couler du béton; les caissons venant à descendre, on devait continuer le montage de ce cuvelage. C'est de cette manière que l'on a procédé, dès le commencement du fonçage de la première pile. Enfin, comme on redoutait un frottement considérable de ce cuvelage en bois contre le gravier, on avait préparé des feuilles de tôle de 1mm 1/2 d'épaisseur qui devaient être clouées tout autour du cuvelage en bois pour en faciliter le glissement. Les quatre caissons de la première pile étant arrivés à une profondeur de 8m, on s'aperçut que toutes ces précautions étaient inutiles; on réunit les quatre caissons en posant sur toute la pile une assise de maçonnerie en grès rouge, à parements extérieurs dressés, et entourant toute la pile, et on ne songea plus ni au cuvelage en bois, ni aux feuilles de tôle. A ce moment, le problème était résolu et les quatre caissons n'en formaient plus en réalité qu'un seul séparé en quatre compartiments. Aussi, pour les trois autres piles, avant de descendre les caissons sur le gravier, on les rivait fortement ensemble, et on plaçait dans les joints de la limaille et du mastic de fonte. Enfin, pour pouvoir communiquer d'un caisson à un autre, on avait ménagé dans chaque séparation un trou d'homme. Cette facilité de communication d'un caisson à l'autre a été très-utile, elle permettait de concentrer plusieurs ouvriers dans le même caisson sans les forcer à s'écluser.

Pour faciliter la descente, les parements de maçonnerie élevés sur les quatre faces de la pile n'étaient pas verticaux; sur une hauteur de 14^{m},60 à partir de l'arête du caisson, le parement extérieur suivait une courbe parabolique rentrante, dont le fruit était de 0^{m},46. Cette disposition a eu pour effet de beaucoup faciliter le fonçage.

Cheminées d'air et dragues. — Après la pose de chaque assise en maçonnerie entourant toute la pile, on coulait dans l'intérieur le béton et on le damait fortement; on comprend qu'il était indispensable de préserver du contact du béton les cheminées d'air et la cheminée centrale dans laquelle se mouvait la drague. Dans le principe, on avait entouré ces cheminées, au nombre de 12 chacune, d'un manchon en tôle qui maintenait, entre le béton et les cheminées, un vide de 0^{m},10 environ, et les isolait complétement de manière à pouvoir sortir facilement et successivement les viroles qui composaient les cheminées d'air, après l'achèvement d'une pile, afin de s'en servir ensuite pour le fonçage de la pile suivante. On a renoncé bientôt à ces nombreux manchons en tôle, très-encombrants, et dont il fallait toujours assurer le jeu, ce qui exigeait une grande surveillance.

On les a remplacés par une cheminée en briques entourant les cheminées d'air, avec le jeu nécessaire, et que l'on montait en même temps que le béton et la maçonnerie. Quant à la cheminée d'eau, elle a été montée en briques également. Le fonçage terminé, et les caissons remplis de béton, on retirait les viroles, on épuisait avec des pompes les cheminées et dans les vides formés par le retrait des cheminées d'air et de la drague on coulait du béton, de manière à compléter le massif.

Verrins. — On comprend facilement que souvent il a dû arriver qu'une caisse de 20^{m},00 de long, formée de l'assemblage de quatre caissons, descendant par son poids et par celui de la maçonnerie dont la masse était toujours plus considérable que la force de la sous-pression de l'eau, ait dû s'enfoncer inégalement, et s'écarter de la direction verticale. Il était donc important de rechercher un moyen de diriger la descente des caissons et de la régler. Ce moyen a été trouvé par M. Castor, l'habile entrepreneur du draguage; on a ménagé aux quatre angles supérieurs de chaque caisson une oreille en tôle très-fortement rivée, à laquelle venait s'adapter une chaîne très-solide composée de grands maillons de 0.70 de long. Cette chaîne venait se relier, à la partie supérieure de la pile, à la vis d'un verrin très-puissant monté et encastré dans une charpente longitudinale très-solide, et fortement relié au plancher supérieur de la pile. On pouvait, en ajoutant des maillons à la chaîne, à mesure de la descente des caissons, faire en sorte que tout le poids de la pile, diminué naturellement de la perte de charge due aux frottements latéraux et de la sous-pression de l'eau, vînt à reposer par les chaînes sur 16 verrins.

Cette disposition très-ingénieuse a rendu les plus grands services. En effet, quatre échelles munies de repaires, placées aux quatre angles de la pile, indiquaient la cote de descente; à l'aide des verrins et de la vis de retenue, en laissant porter un peu plus ou un peu moins, on pouvait toujours faire en sorte d'arriver, à un centimètre près, à la même cote aux 4 angles de la pile et simultanément.

On avait soin de laisser toujours un certain jeu aux verrins, afin de laisser la pile descendre elle-même. Cette descente avait lieu souvent d'une manière insensible, mais quelquefois aussi, surtout lorsque l'on approchait de la fin du fonçage, d'une manière très-brusque. J'ai vu la pile descendre brusquement de 0,06.

Coulage du béton. — Nous avons vu que pendant la descente des caissons, ils étaient consolidés intérieurement par des parements en briques, et que les vides ménagés entre les poutres en tôle qui en formaient le plafond étaient remplis par de petites voûtes en briques. Quand la pile était arrivée à $20^{m},00$ de profondeur, il s'est agi de les remplir complétement de béton.

Cette opération a présenté plusieurs difficultés. On a placé dans une cheminée d'air un tuyau en tôle de 0,20, correspondant, à la partie inférieure, avec le caisson à remplir, et, à la partie supérieure, avec une chambre à air spécialement aménagée pour cette opération. On introduisait dans la chambre et à la fois 12 à 15 sceaux contenant le béton préparé sur un plancher de niveau avec le clapet supérieur de la chambre, on éclusait les ouvriers, et le béton tombait dans le caisson où des ouvriers le damaient immédiatement. Au bout d'un certain temps, la partie inférieure des caissons était couverte d'une couche de 0,20 à 0,30 de béton. Le caisson était alors fermé et l'air ne pouvait plus s'en échapper, comme précédemment. Il y avait alors un point très-délicat auquel il a fallu prêter une attention constante, car on était exposé à deux graves inconvénients; si on laissait diminuer la pression de l'air, l'eau remontait dans les caissons, délavait cette première couche de béton, et l'opération était à recommencer. Si, au contraire, la pression de l'air était trop considérable, comme l'espace dans lequel on l'envoyait était clos, puisque le bas des caissons était couvert de béton, la pression augmentait successivement jusqu'à 4 atmosphères et 4 atmosphères 1/2, et enfin l'air cherchait une issue pour s'échapper, enfonçait la couche de béton dans la partie qui était la moins épaisse, et partait brusquement.

Cet accident s'est produit au commencement de l'opération dont il est question; la pression ayant augmenté dans un caisson dont la partie inférieure était déjà bétonnée, une masse d'air considérable a enfoncé la couche de béton qui avoisinait la cheminée centrale, remplie d'eau comme nous l'avons vu et contenant la drague, s'est engouffré violemment dans la cheminée et, avec une détonation très-forte, a projeté au dehors toute cette énorme colonne d'eau, entraînant avec elle des éclats de briques, de pierres, de cailloux et faisant un trou de 2^{m},00 dans la toiture de la pile qui était à 15^{m},00 au-dessus du niveau du plancher supérieur. On peut se faire une idée de la puissance de l'air comprimé par cet accident, qui n'a eu d'ailleurs aucune conséquence fâcheuse.

Pour obvier à ces inconvénients, j'ai pris les précautions suivantes: Trois manomètres à air libre, placés sur la pile et toujours sous les yeux d'un surveillant, indiquaient la pression qu'il fallait maintenir avec les machines dans les caissons, pendant toute la durée de l'opération du coulage du béton. Ces trois manomètres avaient chacun une prise d'air différente et se contrôlaient réciproquement ; des manomètres semblables étaient placés sous les yeux des mécaniciens à côté des machines ; de cette manière, on a pu facilement régler la marche de ces dernières et maintenir constamment une pression uniforme, le remplissage des autres caissons n'a donné lieu à aucun accident.

CHAPITRE V.

FAITS DIVERS.

Éclairage des sonnettes. — Pendant le battage des pieux du pont de service et des piles, travail qui s'exécutait nuit et jour, on a employé avec succès, pour éclairer les travaux, la lumière électrique. Une petite guerite, montée sur quatre pieux et placée à 60 et 80 pas des sonnettes, renfermait une pile de cinquante éléments, communiquant à deux réflecteurs puissants, paraboliques et mobiles, fonctionnant alternativement de manière à ne pas interrompre l'envoi des rayons lumineux sur la sonnette quand la combustion du crayon de plombagine était complète. Nous ne décrirons pas plus longuement cet appareil; constatons seulement son utile emploi dans les travaux. Son application dans une foule de cas peut rendre de grands services. Ce mode d'éclairage coûtait 4 francs par heure.

Éclairage des caissons. — Les ouvriers qui travaillaient dans les caissons étaient au nombre de vingt ; dans chaque caisson il y avait quatre tubistes enlevant le gravier et le reportant vers la cheminée centrale ; un surveillant était préposé à ces quatre hommes.

Dans le principe, on avait cru pouvoir employer des lampes, mais dès le premier jour il a fallu renoncer à ce mode d'éclairage ; au bout de quelques minutes la mèche noircissait, la flamme devenait rouge en répandant une fumée insoutenable.

On a employé des bougies d'un diamètre un peu fort, ayant $0^m,20$ de long sur 25^{mm} de diamètre, semblables aux bougies employées pour les lanternes des voitures ; la mèche était un peu plus épaisse.

Dans les caissons, les bougies brûlaient moins bien que dans l'air extérieur, ce qui s'explique facilement par l'énorme quantité de vapeur d'eau dont l'air était saturé.

Faits divers. — On comprend que dans des travaux aussi variés et en même temps aussi nouveaux, il a dû se produire des accidents que la théorie n'avait pu prévoir.

Le 27 mars 1859, alors que le fonçage de la première pile était à une profondeur de 4^m, dans les deux caissons n° 2 et 3, la poussée du gravier s'est fait sentir et a occasionné un bombement intérieur ; on y a remédié en plaçant de fortes pièces en chêne maintenues par des coins. Le 4 mai, le bombement était de $0^m,20$ centimètres et l'air s'échappait par une fissure. Il a fallu placer des potelets verticaux contre lesquels on a mis une pièce en fer, venant buter contre des sabots en fonte, on a rempli l'intervalle avec des coins de bois et du mastic de fonte. Avec ces précautions, il ne s'est plus rien produit, mais pour les caissons des piles suivantes on a eu soin d'en renforcer les angles. (Pl. 13, fig. 2.)

Affouillements. — Le Rhin, si facilement affouiable et dont le lit est si mobile, en a présenté un exemple remarquable pendant le fonçage des piles. La pile culée badoise devait être foncée dans une partie du fleuve où le sol présentait une différence de niveau considérable; il fallait, avant la descente des caissons sur le gravier, remédier à cet inconvénient. Ainsi, en amont de la pile et là où le courant était très-rapide, le sol était à la côte $129^m,32$, tandis qu'en aval, sous le dernier caisson, la côte était $131^m,52$. Soit par conséquent $2^m,20$ de différence : les quatre caissons étant placés horizontalement, le dernier aurait été à $2^m,20$ du fond du fleuve. On a établi alors en amont un barrage devant lequel on a fait un fort enrochement, puis on a coulé du gravier entre le barrage et le caisson de manière à combler la différence de niveau, et le travail a pu commencer. Le fonçage de la pile terminé, le courant, considérable en ce point, a été obligé de se diviser et a produit alors, à droite et à gauche, un affouillement de 4^{m}40, qui a eu pour effet de faciliter l'enfoncement des pieux qui entouraient la pile, et peu à peu sous la masse énorme de matériaux de toute nature qui passaient sur le pont de service et le plancher supérieur de la pile, le niveau de ce dernier a baissé de 0^{m},80. (Pl. 13, fig. 3.)

Objets rencontrés dans le Rhin. — Parmi les objets que l'on a rencontrés dans le gravier du Rhin et qui auraient pu par leur nature faire obstacle à la descente des caissons, il s'est présenté très-souvent des troncs d'arbres, des lits d'anciennes fascines provenant d'endiguements du Rhin et rencontrés à 3 et 4 mètres de profondeur sous le gravier; le bois de ces dernières était en complète décomposition et provoquait des émanations de gaz qui auraient pu avoir des inconvénients très-graves pour les ouvriers, si elles avaient persisté.

Le 17 octobre, à 1^{m},47 au-dessous des basses eaux, on a rencontré un pieux en chêne de 6^{m},00 de long et de 0^{m},40 de diamètre placé horizontalement sous deux caissons. Il a fallu le scier en trois morceaux pour le retirer; à 3^{m},50 au-dessous des basses eaux on a trouvé un pieu semblable. Ces deux pieux étaient parfaitement conservés.

Le 20 octobre, on a trouvé deux ancres, la première à 5^{m},00 et la seconde à 5^{m},40 au-dessous des basses eaux. Enfin, à plusieurs reprises, on a trouvé des bombes, des boulets, des mors de chevaux, des maillons de chaîne, un fer de cheval, à des profondeurs de 11^{m} et 14^{m} au-dessous des basses eaux.

Appareil Cabirol. — L'accident le plus fréquent a été la rupture de la chaîne qui portait les godets de la drague. Souvent il a fallu interrompre le travail pendant un ou deux jours pour aller rechercher la chaîne.

On a employé avec succès, pour cette opération, l'appareil Cabirol. Nous ne décrirons pas cet appareil que tout le monde connaît, et qui consiste en un vêtement de caoutchouc que revêt le plongeur, et d'un casque muni d'un tuyau par lequel arrive l'air envoyé par une petite pompe aspirante et foulante, et qui est nécessaire à sa respiration. Afin d'envoyer de l'air en quantité suffisante pour le plongeur, ne pas en envoyer trop à la fois, et être certain en même temps que la pression de l'air envoyé par la pompe était suffisante pour vaincre la pression de la colonne d'eau qui existait au dessus du plongeur, j'avais placé à côté de la pompe foulante un manomètre à air libre correspondant par un tuyau en caoutchouc avec le corps de pompe. Si le plongeur était à 4^{m},00 au-dessous du niveau de l'eau, il suffisait de maintenir une pression un peu supérieure à quatre dixièmes d'atmosphère, le manomètre réglait alors le jeu de la pompe à air.

L'usage de cet appareil était presque journalier, il est indispensable pour des travaux analogues. Il est nécessaire d'avoir des ouvriers plongeurs ayant l'habitude de ce genre de travail, car il n'est pas sans danger; il est très urgent aussi que l'appareil soit toujours en parfait état et essayé avant de l'employer.

Piles et culées. — Nous n'entrerons pas dans de grands détails sur les maçonneries des piles et culées, service si habilement dirigé par M. Defrance, chef de section. Nous avons vu que la fondation proprement dite de chaque pile était rectangulaire, composée d'une série d'assises de grès rouge, dans l'intérieur desquelles on coulait du béton. Ce dernier était fabriqué par des ouvriers installés sur le plancher inférieur de la pile, et formé d'un mélange de sable fin, de cailloux et de ciment de Seutheim (Haut-Rhin), dans la proportion de 0,265 ciment, 0,390 sable, 0,745 gravier. Il était immédiatement jeté sur la pile et damé.

Lorsque le fonçage de la pile était parvenu à la hauteur du socle, on élevait un batardeau et on posait les quatre assises en granit qui devaient le former (planche 18). Les becs et le couronnement de la pile étaient également en granit de la Forêt Noire, extrait de carrières situées près de Achern, dans le Grand-Duché de Bade. Ce granit est d'une très-belle qualité. Le corps de la pile est en moellons de grès rouge.

Dans le milieu de la pile culée française se trouve placée une pierre de granit portant une inscription commémorative.

Une pierre semblable et semblablement placée dans la pile culée badoise porte une inscription allemande.

Voici ces deux inscriptions.

L'AN MDCCCLIX, SOUS LE RÈGNE DE S. M. NAPOLÉON III, EMPEREUR DES FRANÇAIS,

SON EX. Mr ROUHER ÉTANT MINISTRE DES TRAVAUX PUBLICS, Mr MIGNERET, PRÉFET DU BAS-RHIN.

LES PILES ET CULÉES ONT ÉTÉ EXÉCUTÉES PAR LA COMPAGNIE DES CHEMINS DE FER DE L'EST.

M^r LE COMTE DE SÉGUR, PRÉSIDENT DU CONSEIL D'AD^{on},

MM^{rs} BAIGNÈRES - BAUDE - DUC DE GALLIERA - GEORGES - PERDONNET - ROUX - ADMINISTRATEURS MEMBRES DU COMITÉ DE DIRECTION.

VUIGNER, ING^r EN CHEF - FLEUR-St-DENIS, ING^r PP^{al} - DE SAPPEL. ING^r ORD^{re} - DEFRANCE-JOYANT - CHEFS DE SECTI^{on} - MARECHAL, INSP^r DU MAT^{el}.

IM JAHR MDCCCLX WURDE DER EISERNE OBERBAU DIESER BRÜCKE UNTER DER REGIERUNG,

Sr KONIGL. HOHEIT DES GROSSHERZOGS FRIEDERICH VON BADEN,

WAHREND DER VERWALTUNG S^r EXC. DES STAATS MINISTERS VON MEYSENBUG AUSGEFŪRT,

DURCHDIEGROSH OBERDIRECT^n DES WASSER UND STRASSENBAUES : BAER DIRECTOR, KELLER OBERBAURATH,

UND DIE GR. W. U. ST. BAUINSP^r OFFENBURG : FÖHRENBACH OBERING^r, VON KAGENECK ING^r.

Culées. — La fondation des culées s'est effectuée de la manière suivante : après un draguage préalable d'environ 100,000 mètres cubes de gravier, on a fait glisser sur un plan incliné, dans l'excavation produite, un caisson en bois de 15m,00 de hauteur sur 16m.00 de large et 12 de profondeur. Cette opération, analogue à celle de la mise à l'eau d'un navire, a parfaitement réussi à l'aide de nombreux treuils et cabestans; cette caisse, du poids de 5,000 kilog., est arrivée à sa place en moins de deux heures. On a battu ensuite tout autour des pieux reliés par des moises entre lesquelles on a enfoncé des palplanches. On a employé pour cette dernière opération une machine Nasmith, battant 60 coups par minute et de la force de 10 chevaux; on battait jusqu'à 20 palplanches par jour.

L'espace destiné à la culée étant entouré comme nous venons de le dire, on a procédé au coulage du béton.

Cette opération a présenté plusieurs difficultés, surtout pour la fondation de la culée française. Il existait sur cette rive des sources abondantes qui ont nécessité des épuisements considérables, et ont forcé les ingénieurs à établir de puissantes pompes. Une des machines Cail, dégagée de sa soufflerie, a été très-utilement employée dans cette circonstance. (Voir pl. 11, fig. 2.)

Nous donnons la disposition adoptée ainsi que celle de la transmission de mouvement au moyen d'une courroie passant sur la poulie du volant de la machine.

Le béton était préparé sur un chariot mobile et immergé au moyen de bennes, d'une contenance d'un demi-mètre cube environ. Ces bennes étaient descendues et remontées au moyen d'un treuil. Dès que la benne était au fond de l'eau on ouvrait la partie inférieure et le béton tombait par son poids.

Les murs en retour des culées ont été fondés de la même manière. (Voir planche 17.)

Tablier. — La planche 19, fig. 1, représente la coupe verticale du tablier, donnant en même temps les deux passerelles latérales pour les piétons.

Le tablier est formé par trois poutres en tôle fortement assemblées, reliées par des traverses à la partie inférieure et par des tirants à la partie supérieure (voir fig. 3). L'écartement est maintenu par des jambes de force placées dans les angles, le tout est en tôle du poids total de 1,200,000 kilogrammes. Les tôles proviennent du Creuzot et sont assemblées par des rivets posés à chaud; on a employé environ 150,000 rivets. Le tablier repose (fig. 2) sur les piles au moyen d'une série de cylindres en fonte, de manière à pouvoir se prêter à la dilatation, le jeu ménagé est de 6 centimètres.

Pendant les travaux, on a construit sur la rive française un immense remblai provenant des dragnages, et sur lequel devait passer la voie; sur ce remblai, on a monté un vaste hangard dans lequel on a procédé au montage du tablier.

La mise en place a donné lieu à une opération très-intéressante: le tablier, d'une longueur de 177^{m}, a été amené sur les piles par une manœuvre horizontale, et à l'aide d'une série de cylindres tournant autour de leur axe.

Il avait été question d'abord d'imprimer à ces cylindres leur mouvement de rotation au moyen d'un mécanisme à vapeur, mais on dut renoncer à cette première méthode pour en appliquer une autre offrant bien moins d'inconvénients et s'exécutant avec beaucoup plus de facilité.

Le treillis fut mis en mouvement par quatre systèmes composés de trois rouleaux, un sous chacune de ses poutres inférieures, et reliés par un arbre recevant un mouvement de rotation. Ce mouvement de rotation était communiqué par un treuil à engrenage multipliant la force par 1000; à chaque treuil se trouvaient quatre hommes; à chaque système, deux treuils, ce qui portait à 32 le nombre des ouvriers des quatre systèmes réunis; la force générale de propulsion s'élevait à 32,000.

C'est à M. Benckiser, constructeur à Pforzheim, qu'appartient la combinaison de ces manœuvres.

L'opération de la mise en place commença le 8 septembre 1860, sous les ordres de M. de Kageneck, ingénieur badois, et la direction de M. Keller. L'avancement moyen était de 30 à 40 mètres par jour. Afin de faciliter encore la marche de cette énorme masse, les ingénieurs avaient adapté un avant-bec, adjonction d'une vingtaine de mètres de longueur qui permettait de franchir l'intervalle de 60 mètres séparant les piles, sans nécessiter la construction d'un échafaudage intermédiaire. Le porte-à-faux des poutres se trouvait ainsi réduit à 35 mètres. Le 22 septembre, l'opération était complétement terminée.

A partir de ce moment, les travaux complémentaires furent vivement poussés. Les ponts tournants amenés aux têtes de culées prirent position sur leur pivot. La construction des ponts tournants fait le plus grand honneur à M. Mesmer, directeur de l'usine de Graffenstaden.

Épreuves.— Le 11 mars 1861, tout était prêt pour les épreuves du pont, qui eurent lieu en présence des ingénieurs du contrôle, des ingénieurs de la Compagnie et du grand-duché.

La première manœuvre exécutée a mis en mouvement les deux ponts tournants, chacune de ces masses (250,000 kil.) a obéi à l'action de quatre hommes. On a procédé ensuite aux essais de chargement et de traction.

Un train composé de cinq locomotives avec leur tender a traversé lentement sur la voie d'aval et est venu prendre stationnement sur la première travée fixe. Le poids total était évalué à 175,000 kil., soit 3,400 kil. par mètre courant. Un autre train, composé de quinze wagons chargés, a pris la voie d'amont et s'est placé sur la travée du milieu, puis une dixaine de locomotives, cinq sur chaque voie, ont marché de front stationnant sur différents points. Pendant les déplacements, les ingénieurs constataient et notaient les différentes flexions du tablier, qui a subi toutes les épreuves de la manière la plus satisfaisante. Enfin, 14 locomotives et 80 wagons, dont 60 chargés de rails d'un poids total de 960,000 kil., soit 8,000 kil. par mètre courant, n'ont déterminé qu'une flexion constante de 12^{mm} pendant une journée d'expérience ; aux fermes du pont tournant, la flexion n'était que de 5^{mm}.

Des expériences ont été également faites sur les fermes du pont construit sur le Petit-Rhin et les autres ponts métalliques de la ligne de Kehl. Enfin, des essais de traction, à grande et moyenne vitesse sur l'embranchement de Strasbourg à Kehl, sont venus compléter les préliminaires indispensables pour constater définitivement la solidité et proclamer la sécurité de la nouvelle voie qui sera livrée prochainement à l'exploitation.

Dépenses générales. — Objections. — Abordons maintenant une question très-importante au sujet de ce travail. On estime que le pont coûtera, complétement terminé, 8 millions. Nous pouvons facilement démontrer que cette dépense considérable tient, non pas à l'application du système, mais à l'exécution des conditions toutes spéciales qui ont été imposées aux ingénieurs par la convention internationale de juillet 1857.

Le décret impérial du 20 avril 1854, concédant la ligne de Kehl à la Compagnie de l'Est, supprimait le pont de bateau qui continue la grande route. Un passage devait être réservé aux voitures sur les côtés de la double voie ferrée. C'est là que la diplomatie de la rive droite apposa son veto. Le résultat de cette opposition fut le maintien du pont de bateaux et l'établissement d'un pont tournant à chacune des rives, de 26 mètres d'ouverture, de 32 mètres de volée et avec une culasse de même longueur. Pour satisfaire à ces conditions de défense, parfaitement illusoires d'ailleurs, il a fallu construire les deux ponts tournants qui ont coûté, avec les maçonneries, près de un million. De plus, si on n'avait pas été astreint à cette condition, il était facile de ne faire que trois piles au lieu de quatre, et de réduire encore notablement le chiffre de la dépense. Ajoutons, en outre, que les deux ponts tournants, placés aux extrémités du tablier, en rompent l'harmonie et nuisent à l'aspect général de cette belle construction. Cette exigence de la Diète de Francfort a fait tort à la physionomie de l'œuvre et a notablement grevé les budjets des administrations.

A cette cause principale, il faut encore en ajouter d'autres. Il ne faut pas oublier que l'on se trouvait dans des conditions toutes nouvelles, il était fort difficile de traiter avec les entrepreneurs sur des bases fixes, il y avait des éventualités à craindre. Il y a donc eu une certaine expérience à acquérir, pour les ingénieurs comme pour les entrepreneurs, expérience toujours coûteuse, il est vrai, mais profitable pour l'avenir. Il faut tenir compte aussi de la belle installation des travaux, bâtiments, hangards, ateliers, magasins, etc., tous les besoins du service ont été largement assurés. Un entrepreneur n'imiterait peut-être pas cet exemple, mais cette belle installation des chantiers, toujours un peu coûteuse, caractérise les travaux exécutés par une riche et puissante Compagnie ou par ses entrepreneurs.

Nous avons vu, par ce qui précède, que le service du matériel aurait pu être parfaitement assuré avec 2 machines et 3 au plus, au lieu de 5, et que l'on aurait ainsi diminué de moitié les conduites d'air, tuyaux, vannes, etc. Enfin, sans entrer dans des détails qui nous conduiraient trop loin, il est bien évident qu'il ne faut pas regretter ce qu'a pu coûter l'expérience acquise par les travaux, et si plus tard on établit un 2e pont sur le Rhin, on pourra profiter des connaissances acquises au pont de Kehl; la construction de ce dernier est un progrès immense, car avec cette méthode, que l'on peut facilement rendre moins coûteuse et plus parfaite, on peut aujourd'hui fonder les piles d'un pont dans les fleuves les plus dangereux soit par la nature du sol ou la vitesse du courant.

Personnel des travaux. — En terminant ce travail, disons un mot du personnel français qui a coopéré à cette grande entreprise.

MM. Vuigner, ingénieur en chef à Paris.
Fleur-St.-Denis, ingénieur principal à Strasbourg.
De Sappel, ingénieur ordinaire, chargé exclusivement de l'étude des projets des travaux d'art de la ligne de Kehl.

Enfin trois chefs de service:

MM. Defrance, chargé spécialement des maçonneries.
Joyant, service des caissons et des dragues.
Maréchal, service du matériel et conduites d'air.

Nous devons nommer aussi les entrepreneurs qui ont puissamment secondé les ingénieurs dans ces laborieux et difficiles travaux.

MM. Castor et Jacquelot, représentés par M. Hersant leur ingénieur, entrepreneurs des draguages.

MM. André et Gœrner auxquels on doit le pont de service et qui avaient l'entreprise de tous les travaux de charpente.

M. Vengner, entrepreneur des maçonneries.

Service médical. — Nous terminerons par quelques mots sur les accidents qui se sont produits et principalement sur les ouvriers qui ont travaillé dans l'air comprimé.

Il était indispensable d'établir au pont du Rhin un service médical en rapport avec le grand nombre d'ouvriers qui y travaillaient jours et nuits. Une infirmerie, des salles de visite et de pansements ont été établies dans un bâtiment spécial. Tout le service était sous la direction de M. le docteur François.

Parmi les accidents arrivés on peut dire qu'à peu d'exceptions près, on n'a eu à déplorer que les accidents ordinaires et habituels qui, malheureusement, arrivent dans tous les grands travaux. Quant aux accidents provenant, à proprement parler, du mode de travail employé, c'est-à-dire de l'emploi de l'air comprimé, M. le docteur François a publié à ce sujet, dans les Annales d'hygiène et de médecine légale (2e série, 1860. — Tome XIV. — 2e partie) un résumé, trop succinct peut-être, de ses judicieuses et intéressantes observations.

Les premiers effets ressentis, d'après M. le docteur François, lorsque l'air est précipité dans la chambre par laquelle on s'écluse, sont une espèce de bourdonnement dans les oreilles avec sensation très-désagréable, vous forçant, pour ainsi dire malgré vous, à exécuter des efforts de déglutition ; assez rapidement cette gêne se change en véritable douleur plus ou moins forte, selon la prédisposition des individus ; l'audition devient obtuse, de sorte que l'on n'entend pas parler distinctement les personnes qui vous entourent et que votre propre parole n'est pas bien perçue ; de là, nécessité de parler très-haut ; tous ces phénomènes disparaissent assez rapidement et, au bout de quelques minutes, la respiration se trouve allégée, les inspirations sont moins fréquentes, par la raison toute simple qu'une plus grande masse d'air pénètre dans les poumons dont la capacité est considérablement augmentée. Ces effets physiologiques sont peu dangereux et, après quelques descentes, on y est parfaitement habitué. Cependant, d'autres effets sont plus graves : ainsi on a remarqué de nombreuses otalgies et otites ; presque tous les ouvriers ont ressenti plus ou moins fortement cette douleur d'oreilles qui, dans beaucoup de cas, a été très-violente et a nécessité des soins médicaux très-énergiques; souvent la surdité a été complète.

Les douleurs musculaires et arthritiques sont très-nombreuses : 59 cas pour la pile française, 40 pour la pile badoise, 38 pour les deux autres piles.

Un fait digne de remarque, est celui arrivé au sieur W. Cet homme sort des caissons, le 23 mai 1859, où il a été soumis à une pression de 1 atmosphère 3/10 ; il est pris tout à coup d'un bégayement très-prononcé, le bégayement cesse dans les caissons et se reproduit à la sortie. Ce n'est que plus tard qu'il s'est dissipé complétement.

Enfin il s'est produit plusieurs cas de congestions cérébrales, congestions vers le cœur, le foie, la rate. La sortie des caissons présente beaucoup plus d'inconvénients que l'entrée, il se produit le contraire de ce qui avait lieu pendant la descente, c'est-à dire la précipitation vers l'extérieur de l'air condensé outre mesure dans l'organisme; aussi dès que le robinet d'éclusement est ouvert, le même bourdonnement, ressenti à l'entrée, se reproduit avec les mêmes douleurs, mais à un degré plus fort; c'est l'effet du refoulement de la membrane du tympan vers l'extérieur; on ressent en même temps une assez forte sensation de froid.

C'est à un éclusement trop rapide que le docteur François attribue ces otalgies intolérables, les douleurs musculaires, les prurits, les congestions et les hemoptysies, les épistaxis et tout le cortége des maladies dites du caisson.

Malgré tous ces graves inconvénients, il a été impossible d'empêcher les ouvriers de s'écluser rapidement. Pour combattre autant que possible le refroidissement, chaque ouvrier recevait une bonne veste de laine et, après chaque poste, buvait 1/2 litre de bon vin.

M. le docteur François termine en concluant que l'âge le plus favorable à supporter les effets de l'air comprimé est de 18 à 35 ans ; le tempérament le plus propre est le lymphatique ; le tempérament le plus éprouvé est le sanguin, enfin viennent les tempéraments bilieux, nerveux. Les personnes sujettes aux congestions sanguines doivent s'abstenir complétement de l'influence de l'air comprimé.

Inauguration. — L'inauguration du pont de Kehl, fixée au 6 avril par la Compagnie de l'Est, a eu lieu à cette date. On aurait pu attendre encore quelque temps, laisser terminer différents aménagements, et compléter le portique de la pile française et des piles en rivières qu'il a fallu simuler en bois; il eut été plus logique, d'ailleurs, que le jour de l'inauguration précédât immédiatement le premier jour de l'exploitation de la ligne.

Les gouvernements intéressés ne se sont pas faits officiellement représenter à cette fête.

Il ne nous appartient pas d'analyser les différents motifs politiques ou autres qui ont modifié complétement le programme attendu de cette journée.

C'est un fait regrettable que nous nous bornons à constater. Il y avait lieu d'espérer que l'inauguration d'un pont sur le Rhin aurait été l'occasion d'une de ces grandes et imposantes manifestations internationales, qui font époque dans l'histoire d'une contrée et dont les populations riveraines auraient conservé longtemps le souvenir.

Une visite au pont dans la matinée, un banquet et une représentation au théâtre de Strasbourg, un déjeûner à Bade et retour à Paris le lendemain, tel a été le programme de cette fête internationale.

TABLE DES MATIÈRES.

TABLE DES PLANCHES.

Travaux du pont de Kehl.

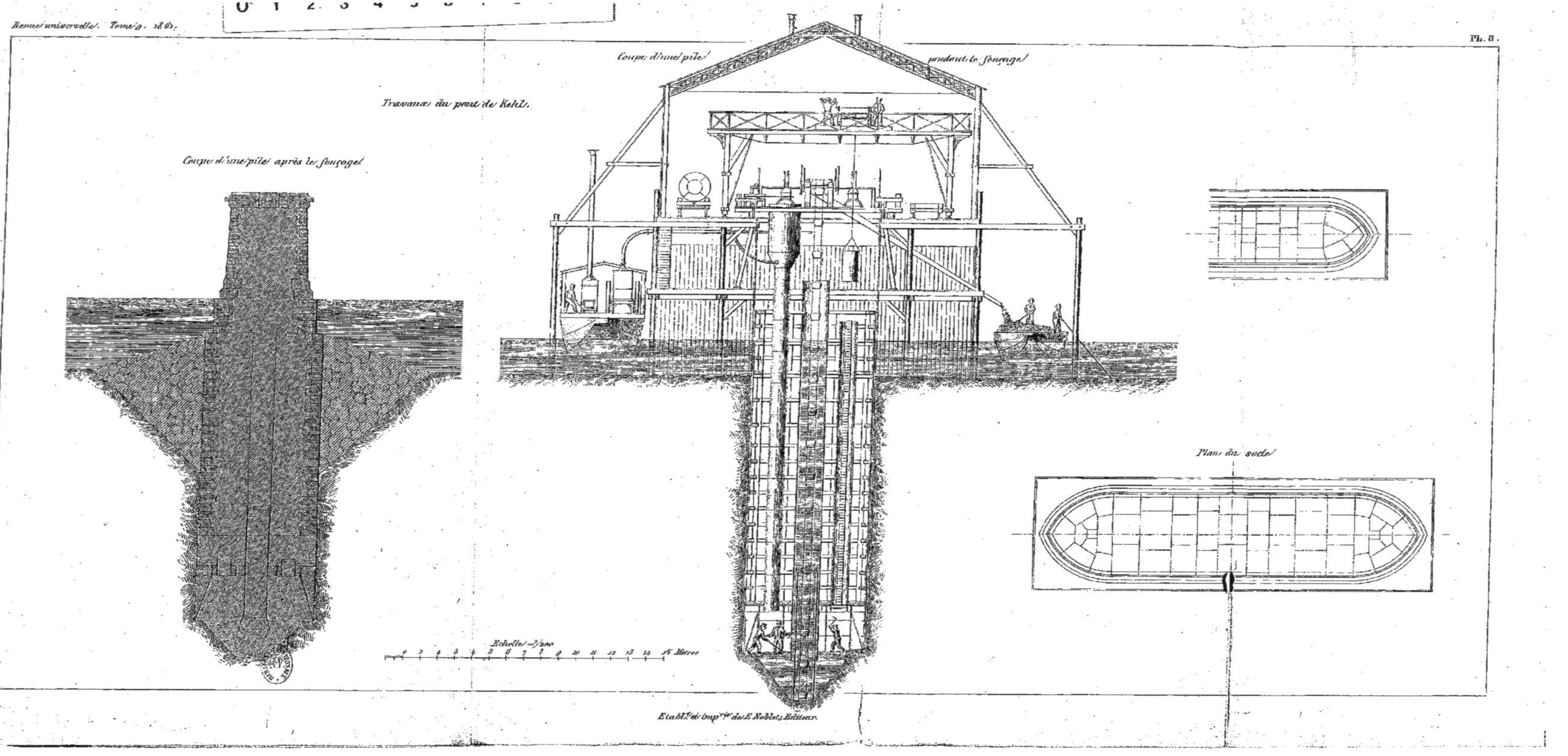

Établ.t et Imp.rie de E. Noblet, Éditeur.

Travaux du pont de Kehl.

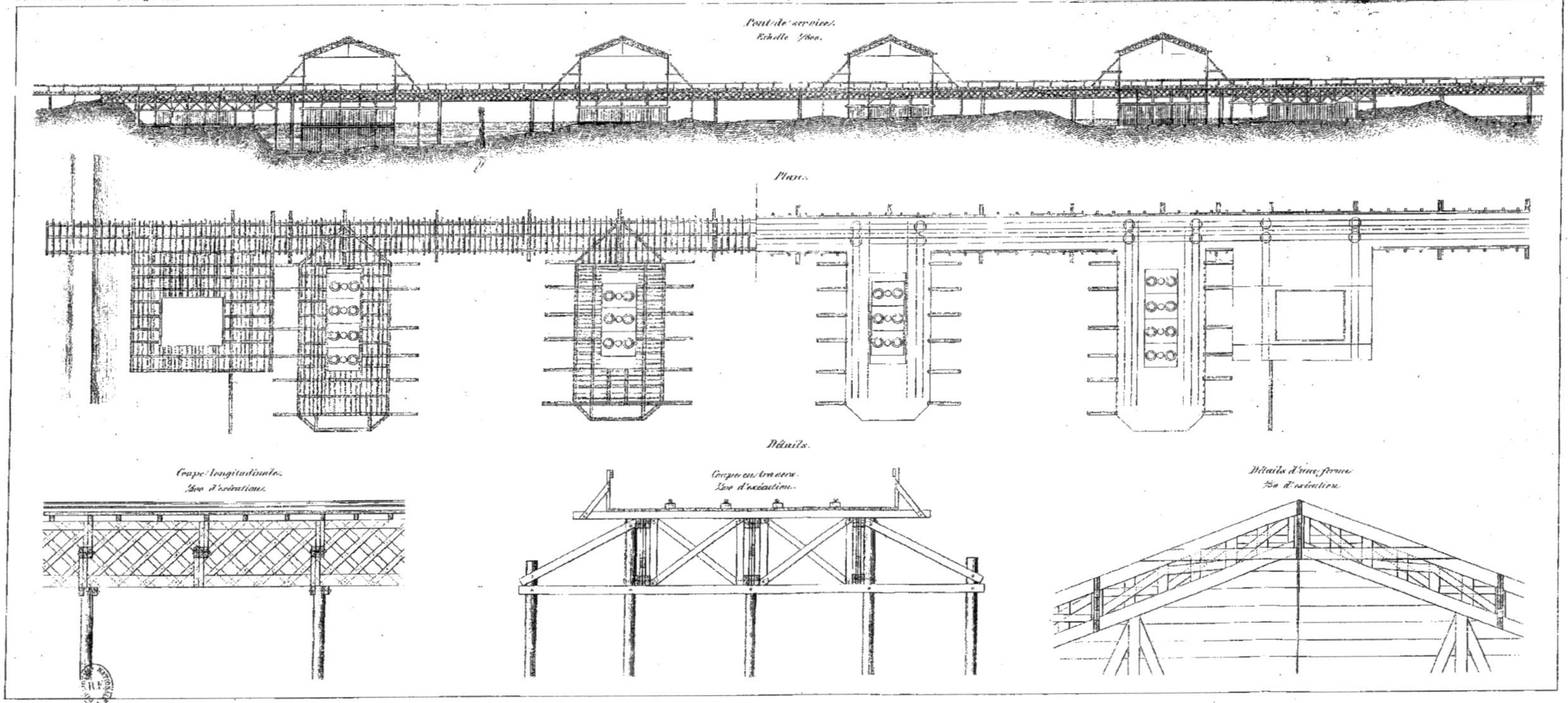

0 1 2 3 4 5 6 7 8 9 10

Pont de service.

Echelle 1/800.

Plan.

Détails.

Coupe longitudinale.

1/20 d'exécution.

Coupe en travers.

1/20 d'exécution.

Détails d'une ferme.

1/20 d'exécution.

Etabl.t et impr.ie de E. Noblet, Editeur.

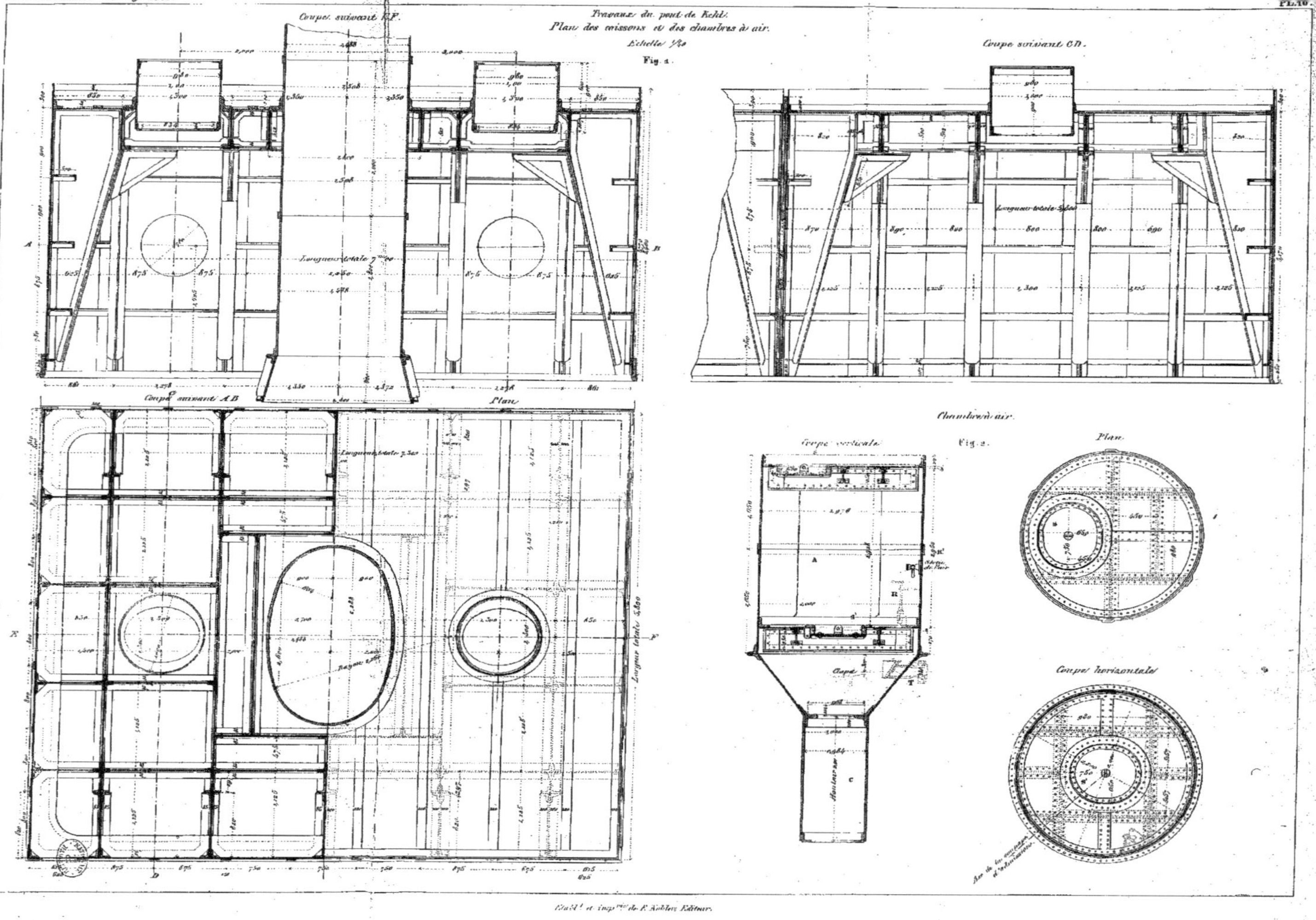

Grav. et imp. de E. Kohler Éditeur.

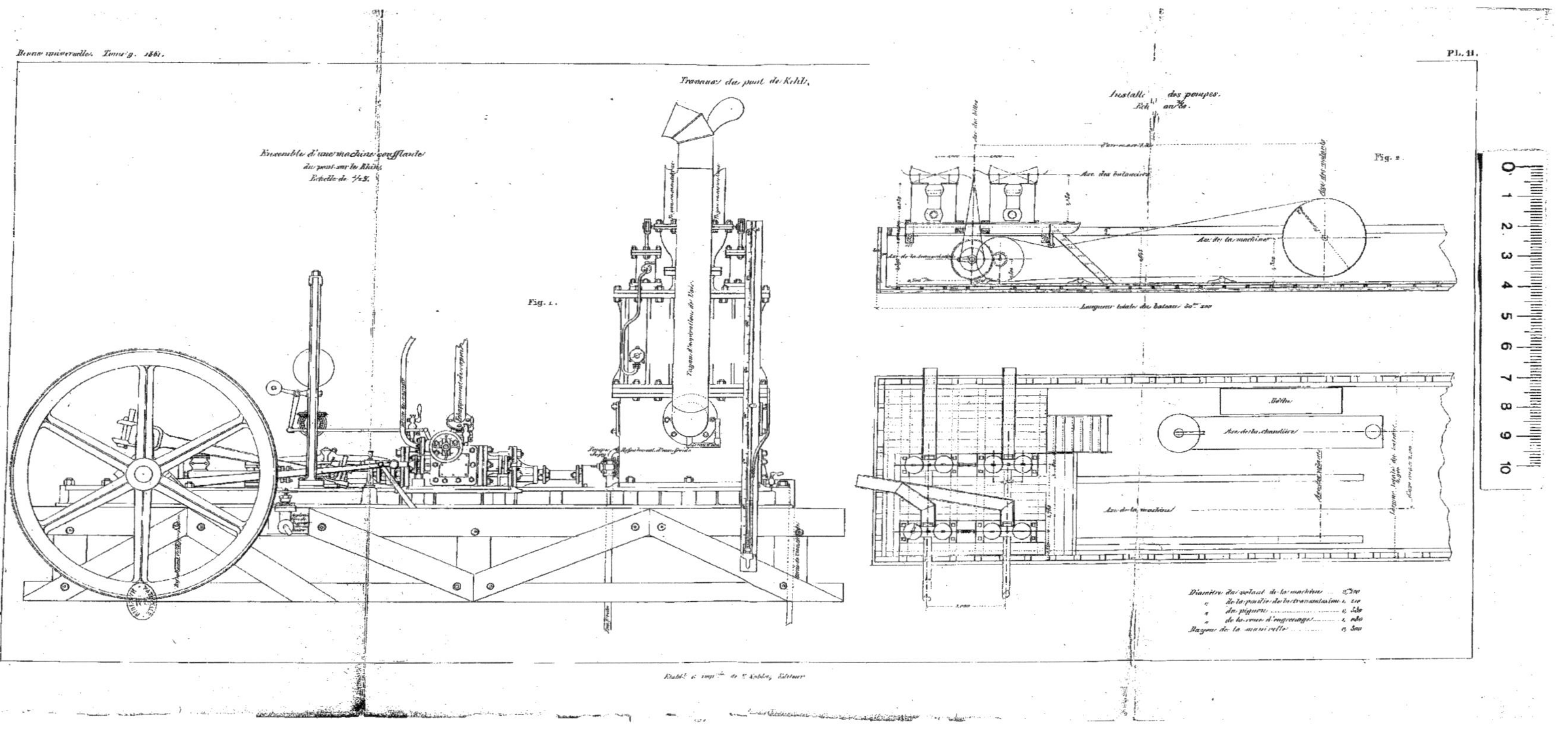
Travaux du pont de Kehl.
Ensemble d'une machine soufflante
du pont sur le Rhin.
Echelle de 1/25.
Fig. 1.
Tuyau d'aspiration de l'air
Echappement de vapeur
Installation des pompes.
Fig. 2.
Axe des balanciers
Axe de la machine
Longueur totale du bateau 30m 200
Axe de la chaudière
Diamètre du volant de la machine
de la poulie de la transmission 1, 210
du pignon
de la roue d'engrenage
Rayon de la manivelle 0, 300

Travaux du pont de Kehl.

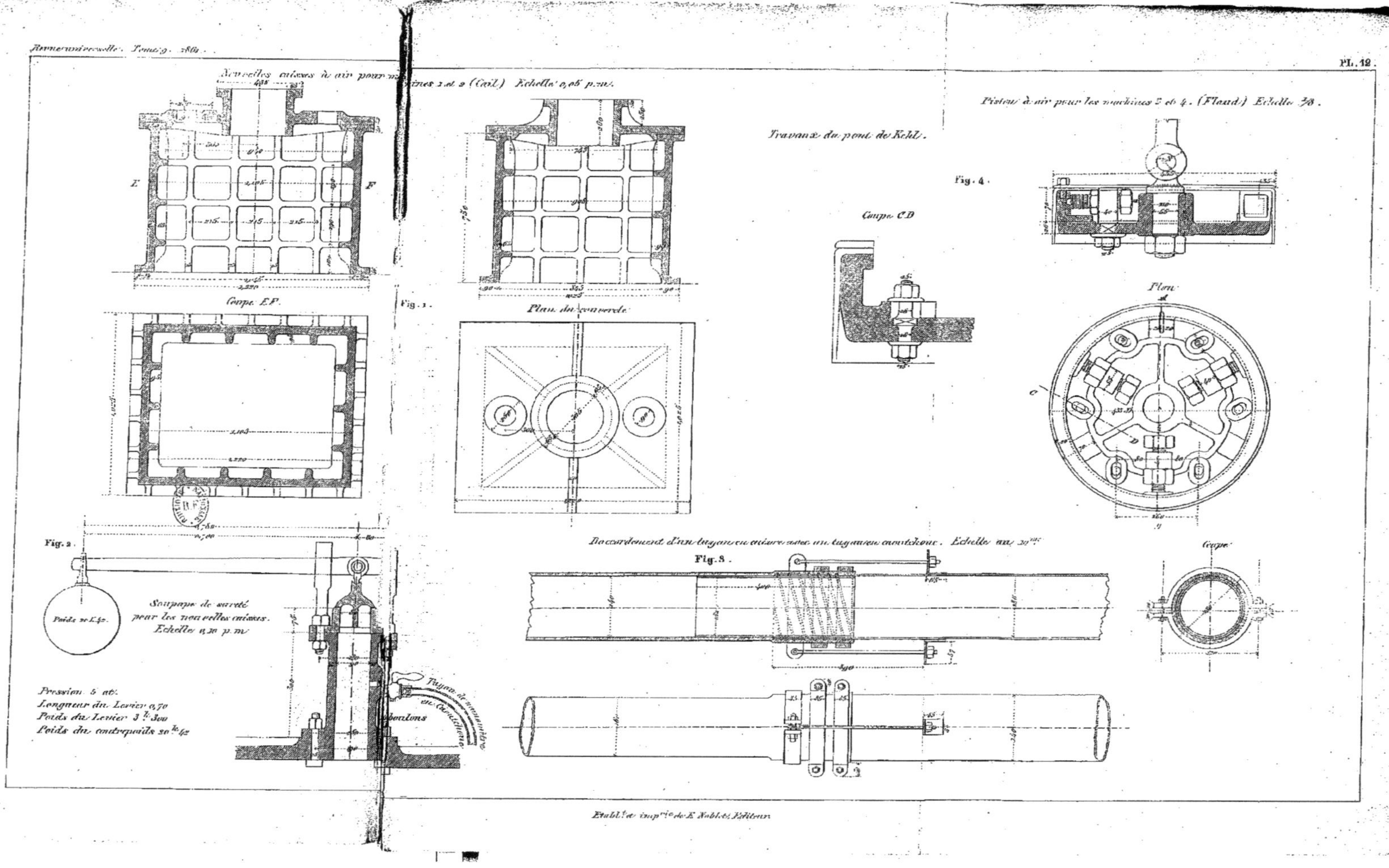

Établt et impie de E. Noblet, Éditeur.

Travaux du pont de Kehl.

Fig. 1.

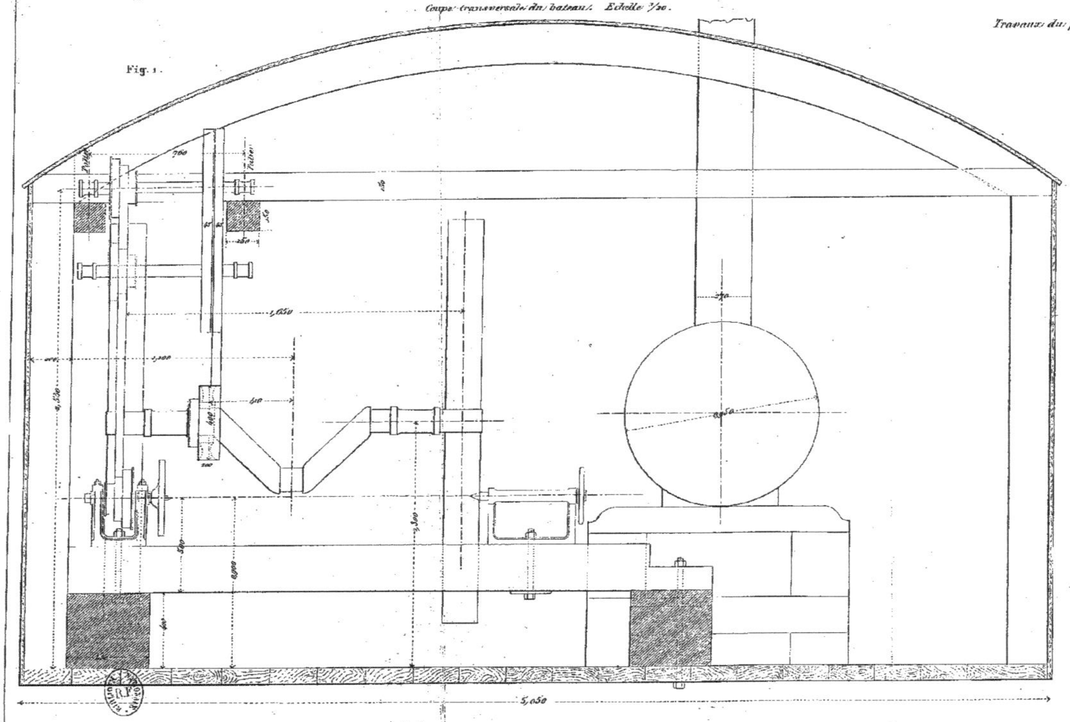

Tour monté sur la machine N°2 (Cail)
Coupe transversale du bateau. Echelle 1/20.

Fig. 3.

Profil du sol avant et après le fonçage de la pile Badoise.

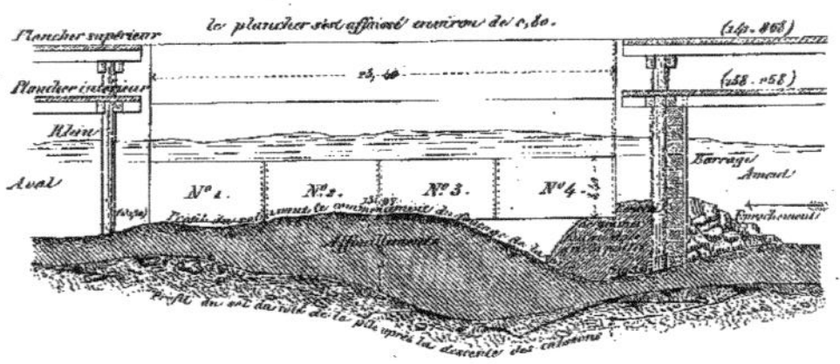

Fig 2.

Consolidation d'un angle d'un caisson.

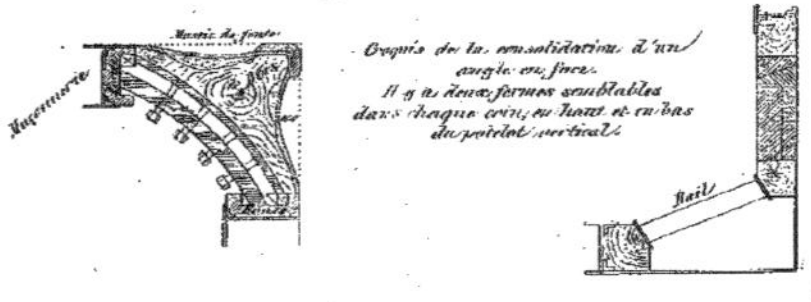

Croquis de la consolidation d'un angle en fonte.
Il y a deux fermes semblables dans chaque coin, en haut et en bas du potelet vertical.

Travaux du pont de Kehl.

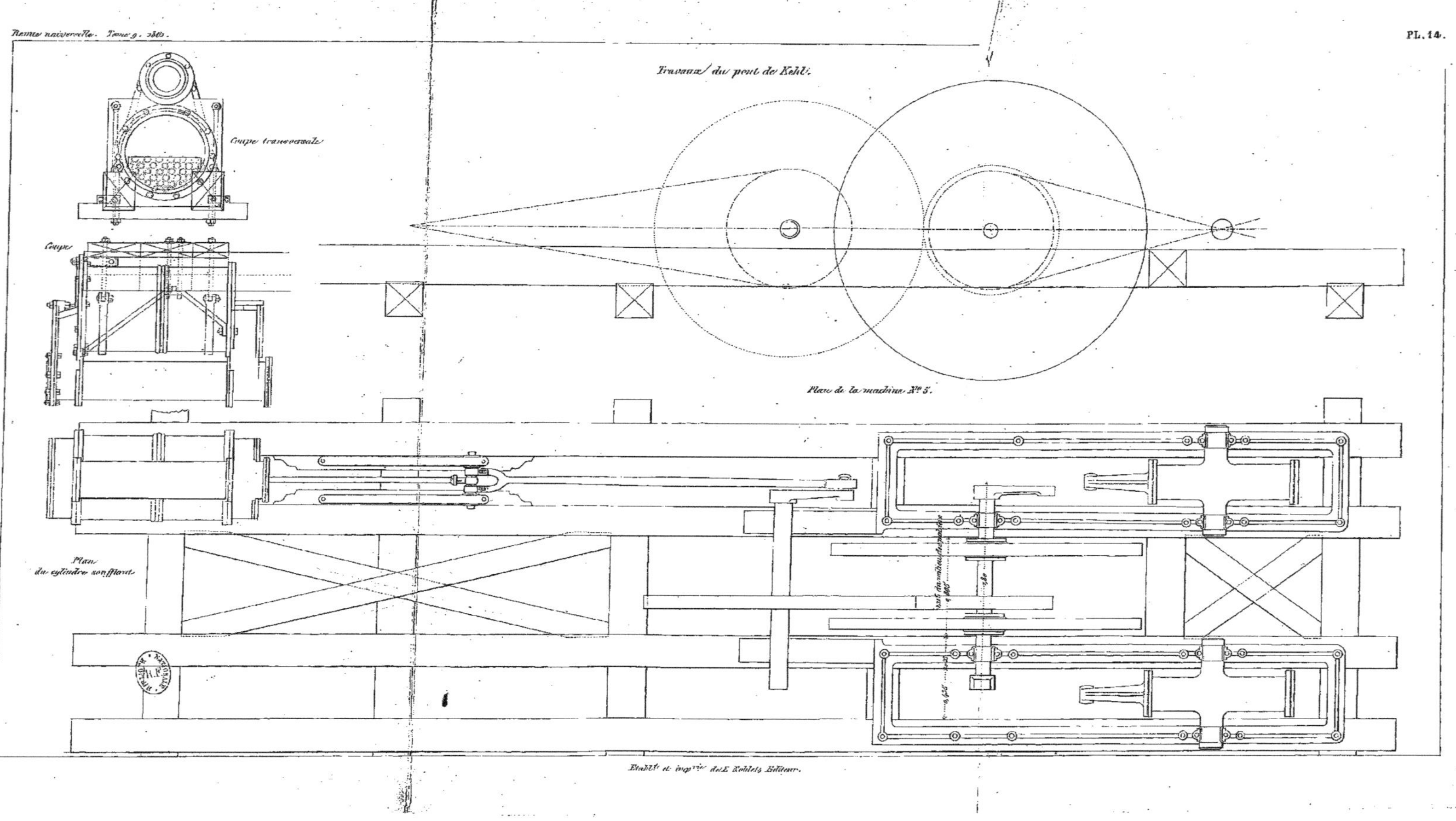

Établt et impie de E. Noblet, Éditeur.

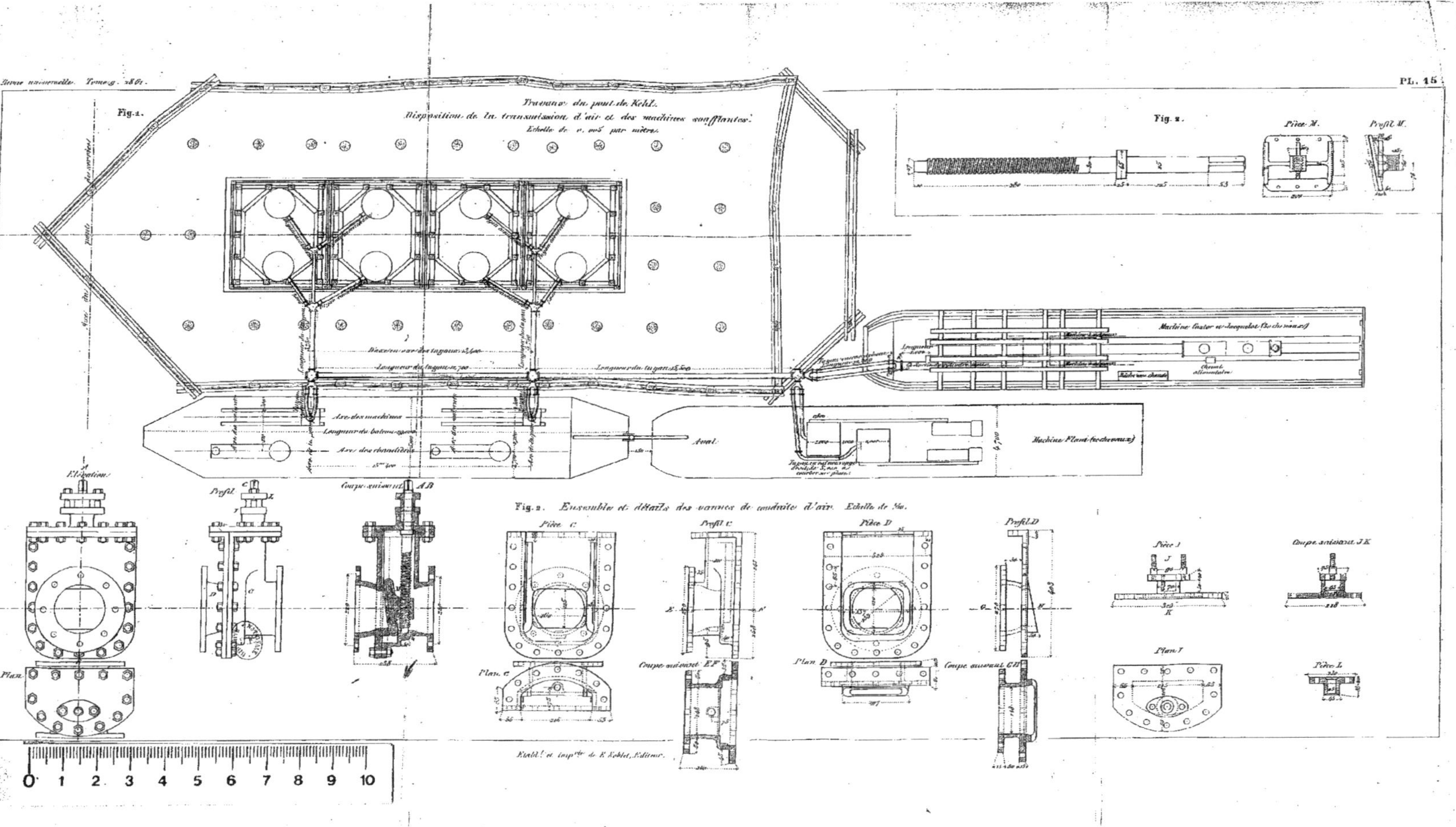
Fig. 1.
Travaux du pont de Kehl.
Disposition de la transmission d'air et des machines soufflantes.
Echelle de 0,005 par mètre.
Axe du pont des services
Axe des machines
Longueur du bateau
Axes des chaudières
Aval.
Machine Flaud (10 chevaux)
Machine Castor et Jacquelot (30 chevaux)
Fig. 2.
Pièce M.
Profil M.
Élévation
Profil
Coupe suivant AB
Plan
Fig. 2. Ensemble et détails des vannes de conduite d'air. Echelle de ⅒.
Pièce C
Plan C
Profil C
Coupe suivant EF
Pièce D
Plan D
Profil D
Coupe suivant GH
Pièce J
Plan J
Coupe suivant JK
Pièce L

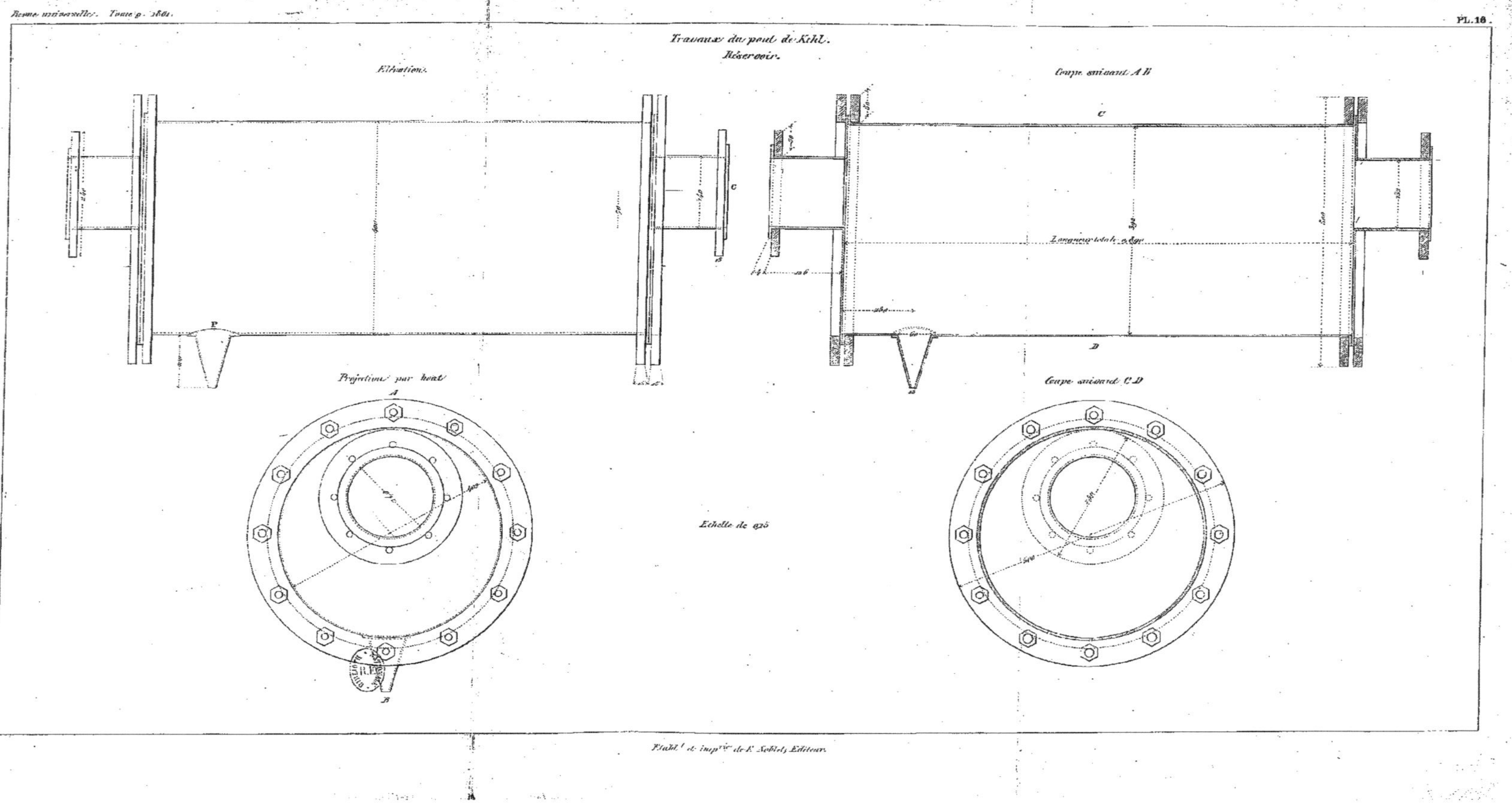

Etabl. et imp. de E. Noblet, Editeur.

Travaux du pont de Kehl.

Chariot pour le coulage du béton des culées et des murs en retour.

Échelle { pour les fig. 1, 2 et 3 . 0m,025.
pour les fig. 4 et 5. 0,02.

Fig. 1. Élévation d'un chariot de la culée.

Axe du pont fixe

Fig. 2. Coupe verticale suivant A B de la fig. 1.

Fig. 3. Plan d'ensemble

Chariot d'un mur en retour.

Fig. 4. Coupe verticale suivant E F.

Fig. 5. Coupe verticale suivant C D.

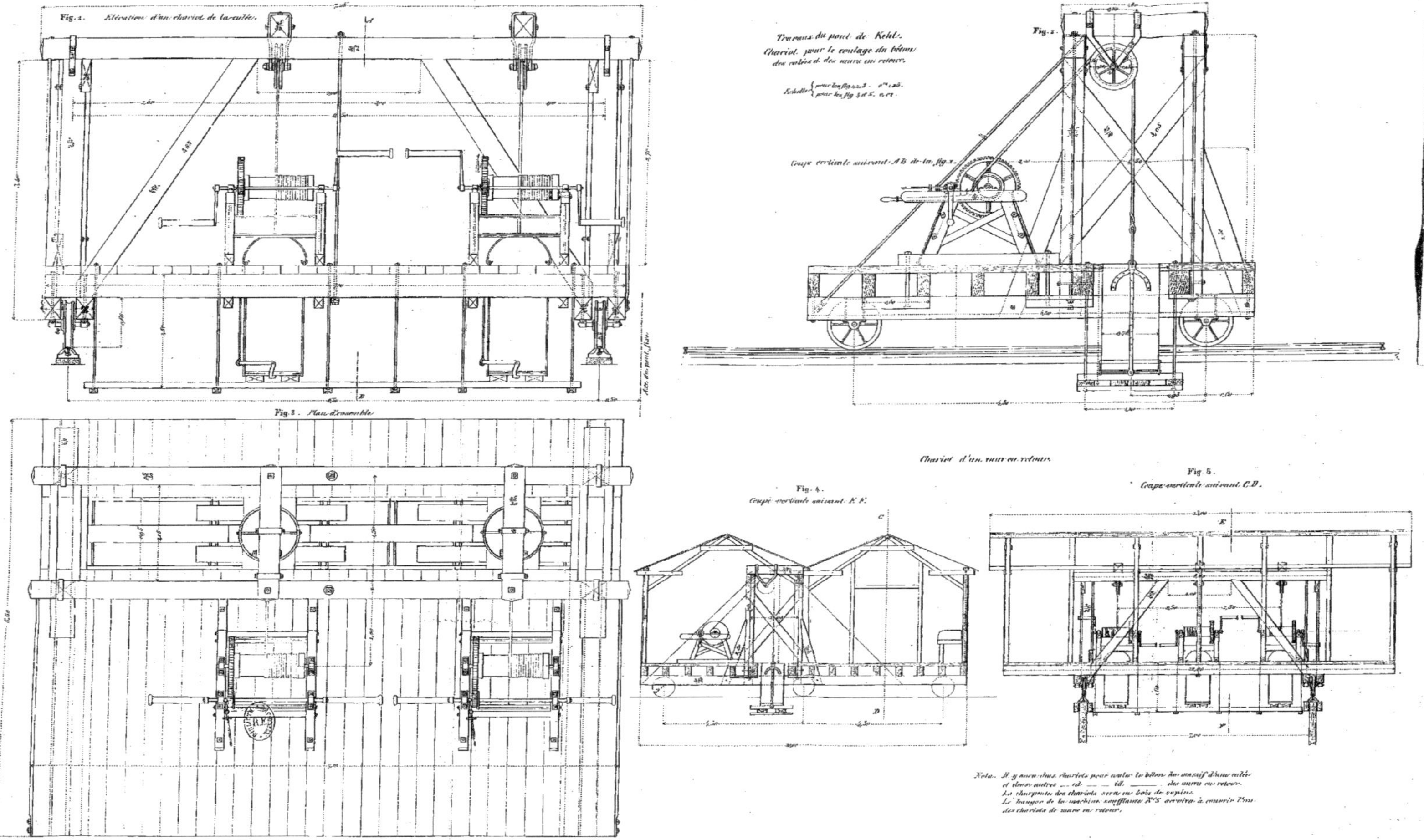

Nota. Il y aura deux chariots pour couler le béton du massif d'une culée et deux autres — id. — — id. ——— des murs en retour.
La charpente des chariots sera en bois de sapin.
Le hangar de la machine soufflante N°5 servira à couvrir l'un des chariots de murs en retour.

0 1 2 3 4 5 6 7 8 9 10

Établ.t et imp.rie de E. Noblet, Éditeur.

Travaux du pont de Kehl. Maçonneries.

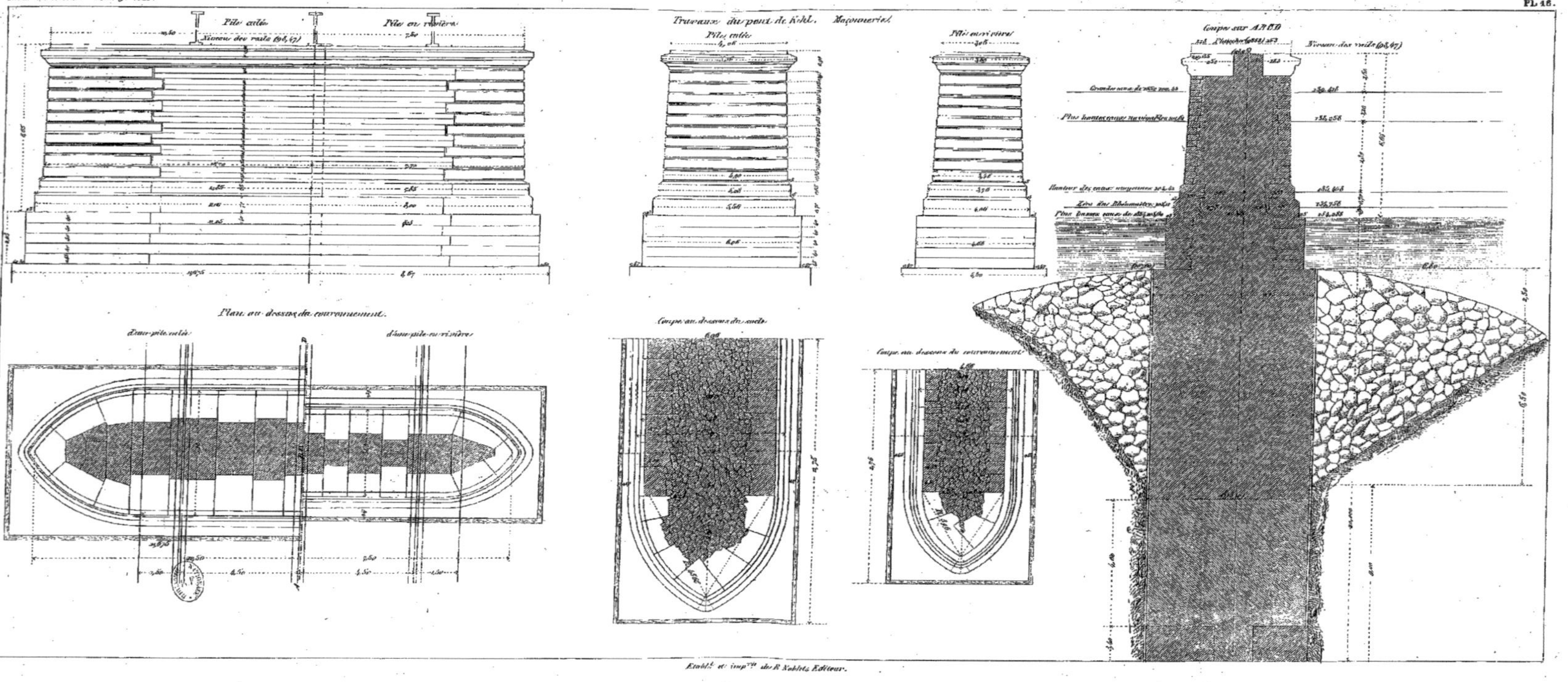

Établt et impie de R. Noblet, Éditeur.

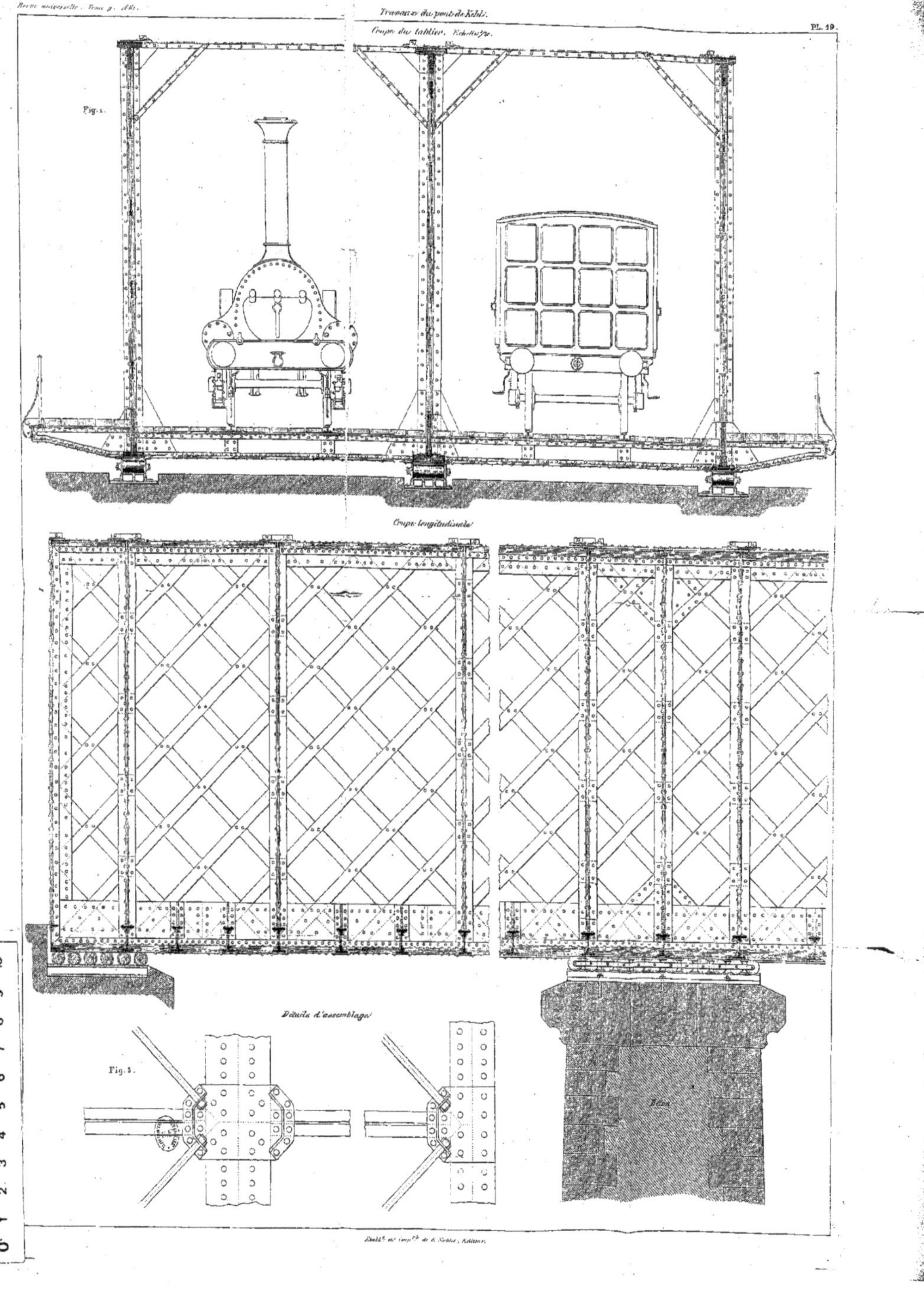

Établt et impie de E. Noblet, Éditeur.

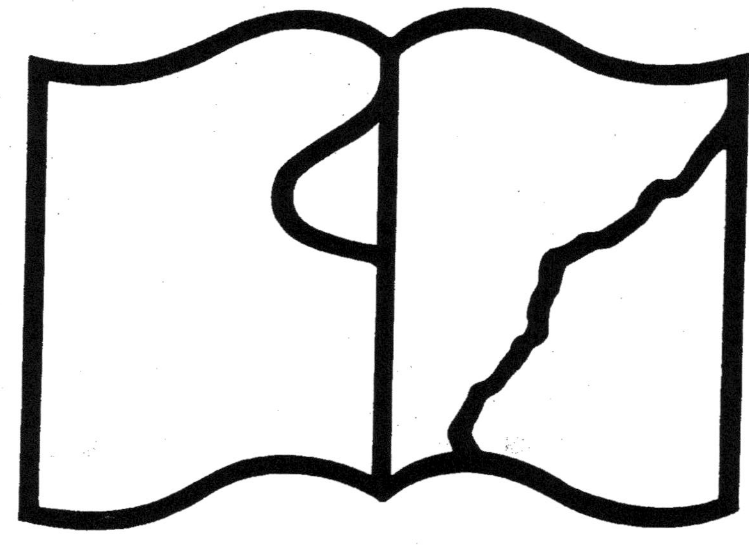

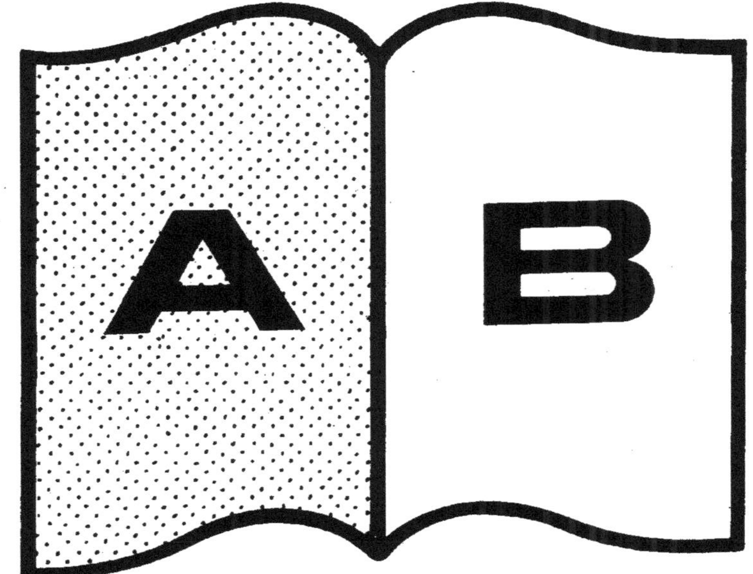

Contraste insuffisant

NF Z 43-120-14

www.ingramcontent.com/pod-product-compliance
Ingram Content Group UK Ltd.
Pitfield, Milton Keynes, MK11 3LW, UK
UKHW012104240726
13965UKWH00004B/1538

9 782012 925014